克苏鲁食谱

THE NECRONOMNOMNOM: Recipes and Rites from the Lore of H. P. Lovecraft

克苏鲁食谱

洛夫克拉夫特故事中的食谱和仪式

[美] 迈克·斯莱特 (Mike Slater) 著

[美] 托马斯·罗奇 (Thomas Roache) 编
[美] 库尔特·科莫达 (Kurt Komoda) 绘
许言 译

文化发展出版社
Cultural Development Press
·北京·

图书在版编目（CIP）数据

克苏鲁食谱：洛夫克拉夫特故事中的食谱和仪式 / （美）迈克·斯莱特著 ，（美）托马斯·罗奇编；（美）库尔特·科莫达绘；许言译 . — 北京：文化发展出版社，2024.5

书名原文：The Necronomnomnom

ISBN 978-7-5142-4179-2

Ⅰ . ①克… Ⅱ . ①迈… ②托… ③库… ④许… Ⅲ . ①食谱-图集 Ⅳ . ① TS972.12-64

中国国家版本馆 CIP 数据核字 (2023) 第 236181 号

著作版权合同登记图字：01-2024-0891

克苏鲁食谱：洛夫克拉夫特故事中的食谱和仪式

著　　者：[美]迈克·斯莱特　　　编　　者：[美]托马斯·罗奇

绘　　者：[美]库尔特·科莫达　　译　　者：许　言

出 版 人：宋　娜　　　　　　　出版统筹：贾　骥　宋　凯

责任编辑：范　炜　谢心言　　　出版监制：张泰亚

责任印制：杨　骏　　　　　　　编　　辑：王　凯

责任校对：岳智勇　　　　　　　美术编辑：姚　芳

出版发行：文化发展出版社（北京市翠微路 2 号　邮编：100036）

发行电话：010-88275993　010-88275711

网　　址：www.wenhuafazhan.com

经　　销：全国新华书店

印　　刷：北京宝隆世纪印刷有限公司

开　　本：889mm×1194mm　1/16

字　　数：72 千字

印　　张：13

版　　次：2024 年 5 月第 1 版

印　　次：2024 年 5 月第 1 次印刷

定　　价：129.00 元

Ｉ Ｓ Ｂ Ｎ：978-7-5142-4179-2

◆ 如有印装质量问题，请与我社印制部联系　电话：010-88275720

献给我的父母——他们不一定了解我的兴趣所在，却总是支持我。

献给我可爱又亲爱的家人们，我真的很感谢他们。

献给我所有的前辈学者——不管他们是真实人物还是虚构角色。

献给所有相信此书真实存在的人。

最重要的是，我要将此书献给我的好兄弟汤姆，如果不是他怀着一腔热血，能认可我疯狂的想法，此书便不会诞生。愿此书滋养你的身体、灵魂（如果你还有灵魂的话）和幽默感。写作此书真的充满了乐趣。

——迈克·斯莱特（过长的胡楂）

2019 年 10 月

感谢我所有的家人们，他们对我的爱从不会改变。我把此书献给他们，我希望他们知道我有多爱他们。

感谢我真正的朋友迈克，他让一个天大的笑话变成了可以落地的想法，我为此兢兢业业、跌跌撞撞、发挥创意、柳暗花明、辛苦经营，又秀厨艺又搞摄影，最终得以成书。感谢你让我的付出有了意义。

我想送给读者们一句话：万事皆有因（这是我妈妈在我小时候教我的，我至今仍深信不疑）。我也相信，人若要成事，想法和经验缺一不可。成事的大小，在于你如何利用自己的想法和经验。如果你遵循内心的想法，并善于吸取经验，便有了理由去创造生活之美。

——托马斯·罗奇，PE（空洞之声）

2019 年 10 月

"依本人之见，这个世界最仁慈的地方，莫过于人类口腹无法触及它的全部美味……但迟早有一天，某些看似不相关的食谱拼凑到一起，就会制造出恐怖的美食盛宴，揭示人类面对这些美食的可怕处境，而我们或者会吃了发疯，或者会逃离这餐桌，躲进快餐时代，享受那里的比萨与小吃。"

—— (并非来自) H.P. 洛夫克拉夫特

我用最奇特的方式写下这段话。此书的来历会惹人生疑，这是一本奇特而迷人的陈年食谱——而我妻子告诉周围所有人，我根本不会做菜。我必须向她隐瞒此书，她天性喜爱冒险，恐怕将会尝试烹饪这些可怕的菜肴——我根本不确定此举是否明智。有证据表明，亦有前人尝试此举，而我隐约瞥见了他们的命运，对此我深感不安。研究此书，需要富有远见地解析、调查和试验。我必须谨慎行事。这本食谱并非外表看似那般简单……

目录

序言及警告

你的手（或是触手）中拿着的这本食谱，出自一部更为古老的抄本。我们试图用现代言语进行改写，并增加了烹饪的细节要求：原料表、附录、计量还有份数（……到底是做给谁吃呢），努力在全书中贯彻以上规范。我们的编撰人员没有出现神秘失踪的情况，尽管其中有些人的精神状况可能……出了点问题。在此警告：如果说烹饪如同科学，那么这本食谱中的烹饪更像是炼金术，需要你的信念加持，为此做出牺牲！

我们对于书中骇人的菜肴尝试了多种不同的烹饪方法，因此请读者安心，此书召唤出时空之外的远古无脸者的可能性已经大大降低。你的炉子更不可能变成一个充满裂口的黑色入口，带你前往充斥着无尽呜咽声的空间之中。

研究此书绝非易事。此书不适合胆小之人阅读。我们请求读者做好心理准备，以便精进厨艺，对非自然力量加以诅咒和痛骂，非自然力量是对我们古板特殊的厨房习俗的一种嘲笑。所幸，厨师和调查中不乏勇敢的精英分子，试图帮助你们保持理智，带来人类文明的良好风气。绝大部分读者尽管放心，本食谱唯一的目的就是娱乐。当然少部分人例外。

特定节食的说明

我们不接受、不拒绝普通人类的节食习惯。《克苏鲁食谱》服务于旧日支配者的意志——旧日支配者将吞噬一切。当然，你可以任意地删减、增补或修改食谱的内容。我们确信，那些无情的远古存在（本书各类仪式的源头）不会介意于此，你绝对安全。愿织女星照耀你们为减肥付出的努力。

致幻魔曲

依照食谱进行仪式的过程中，可搭配冰冻之屋和其洛夫克拉夫特风格的合作专辑全集，无论你能否喜欢，这些曲子肯定会给你的思绪提供某种力量，让你能够利用这上等的食谱，超越夜晚最深处的厨房，烹饪出洛夫克拉夫特式的恐怖之物……

饮品

马提尼酒：摇匀，不要哈斯塔

1 人份，切忌召唤 3 份——以免危害你的意识

必备祭品

- 龟甲人的芥末
- 4 盎司夺魂的冰镇雷克伏特加酒
- 4 盎司干沃米大
- 干味美思
- 1 个西班牙橄榄

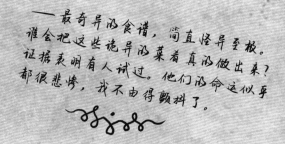

最奇异的食谱，简直怪异至极。谁会把这些诡异的菜肴真的做出来？证据表明有人试过。他们的命运这似乎都很悲惨，我不由得颤抖了。

召唤不可名状的马提尼酒

准备一个大玻璃杯：用一根细细的山葵卷须来加持魔力，不要沿着杯口完整地涂抹一圈，留出空缺处，以便嗜酒狂徒根据自身所需来增加或减少装饰。将酒杯冷藏。

在寒冷的毕宿五恒星照耀之下，来到哈里湖畔（最好是哈里湖），将两种烈酒混合在一起。混酒会不可避免地发生激烈反应，因此容器必须足够坚固。猛烈摇晃容器，调制完成后滤掉冰块。

等到激烈的反应平息下来，将混合一体的烈酒倒入传统几何形状的大玻璃杯中，玻璃杯需冷藏后方可使用。

倒酒要小心，避免连带着装饰一起冲入杯中。倒完酒，再放入一颗小小的西班牙橄榄，若不在橄榄里塞入红甘椒，酒杯里会出现无意识之宇宙的恐怖景象；如果你喜欢来自深渊的凝视，也可选择不塞入红甘椒。

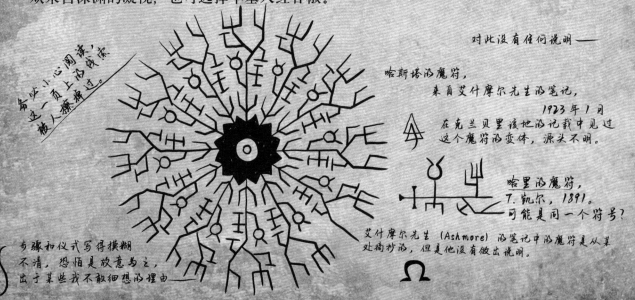

对此没有任何说明——

哈斯塔的魔符，来自艾什摩尔先生的笔记，

1923 年 1 月 在克兰贝里该地的日记载中见过这个魔符的变体，源头不明。

哈里的魔符，T. 凯尔，1891。可能是同一个符号？

千万小心阅读，连这一页上的魔符，都被人篡改过。

艾什摩尔先生（Ashmore）的笔记中的魔符是从某处摘抄的，但是他没有做出说明。

步骤和仪式写得模糊不清，恐怕是故意为之，出于某些我不敢细想的理由——

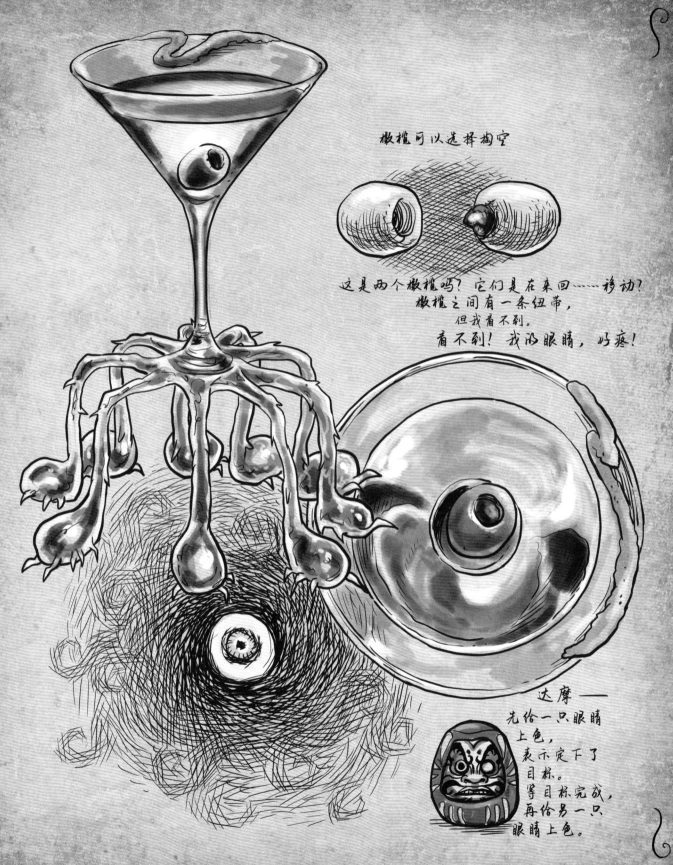

橄榄可以选择掏空

这是两个橄榄吗？它们是在来回……移动？
橄榄之间有一条纽带，
但我看不到。

看不到！我的眼睛，好疼！

达摩——
先给一只眼睛
上色，
表示定下了
目标。
等目标完成，
再给另一只
眼睛上色。

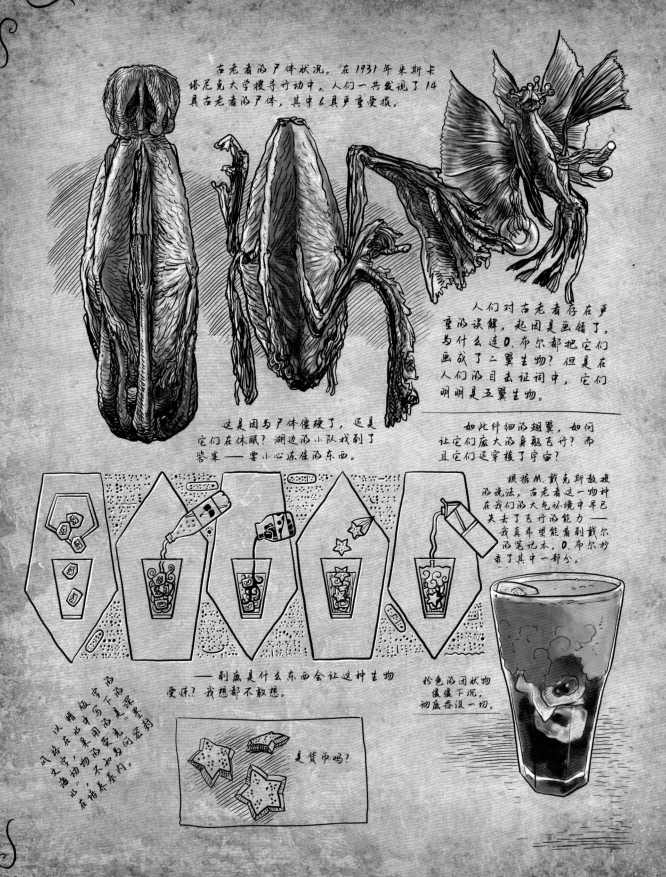

古老者的尸体状况。在1931年米斯卡塔尼克大学搜寻行动中，人们一共发现了14具古老者的尸体，其中6具更重受损。

人们对古老者存在严重的误解，起因是画错了。为什么连O.布尔都把它们画成了二翼生物？但是在人们的目击证词中，它们明明是五翼生物。

这是因为尸体僵硬了，还是它们在休眠？湖边的小队找到了答案——要小心冻住的东西。

如此纤细的翅膀，如何让它们庞大的身躯飞行？而且它们还穿核了宇宙？

根据M.戴克斯教授的说法，古老者这一物种在我们的大气环境中早已失去了飞行的能力——我真希望能看到戴尔的笔记本，O.布尔抄录了其中一部分。

——到底是什么东西会让这种生物受冻？我想都不敢想。

粉色的团状物慢慢下沉，彻底吞没一切。

风语在此书写的文字，如果用的是荧光油动物的皮，不知为何密封在结末素内。

是货币吗？

疯狂
喷泉

 1 人份

食材

- 3 至 6 个冰封的高米熊种
- 10 盎司黑樱桃的着色果汁汽水
- 2 盎司来自马拉斯奇诺之神的樱桃的猩红色糖浆
- 1 盎司半脂奶油
- 备用小熊软糖或此类糖果

做法

将高米熊冻成冰块！当心，这些熊非常狡猾。将这些冰块放在一个冷藏过的圆柱形杯中。

用碳酸水打底，混入暗色的糖浆。

教授说牛奶蛋白不能混合汽水？让他见鬼去吧！加入奶油，看看会有怎样可怕的效果。

取出备用的软糖。软糖必须迅速地浸入酒中，确保无害之后，对其活体解剖。

享用你的饮料，将这些无助的受害者直接喝下。

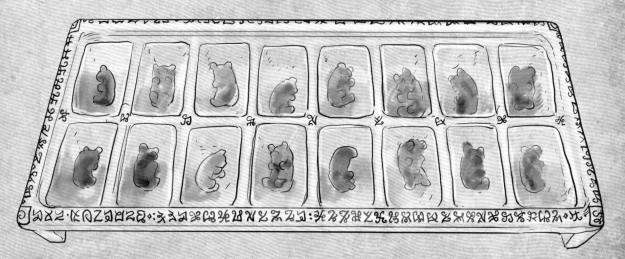

这让我想到了之前见过的场景——应该是在梦中。
但是冻在冰里的不是小熊软糖，而是其他生物。它们在等待着解冻。

米斯卡塔尼克
金汤力

1 人份（……确定是人吗？）

药方

- 3 盎司亨利的金酒
- 3 片青柠片
- 4 至 5 盎司来自芬味树的汤力水
- 1 盎司流涡利口酒
- 1 根适当修剪的迷迭香树枝，或 1 枚用柠檬皮制成的黄印

制药方法

选择一个容量合适的高脚杯，倒满冰块，然后加入一量酒杯亨利的金酒来强化风味。

挤入三片新鲜的青柠（数量一定要是三，当然具体原因我们无从得知）。

加入大量的汤力水，搅拌均匀。

将流涡利口酒沿着勺子的背面，平铺在酒水的表面，使其受到灵药的作用。

接下来的步骤很重要，稍有不慎，结果天差地别！

将切好的迷迭香树枝放在杯子前方的显眼处。亨利坚持说这是唯一的正确做法，其他都是歪门邪道。他太谨慎了。今晚我将尝试摆放一个黄印，看看会有什么效果……

借着黑光灯的灯光，瞧见古怪的强光，肉眼难以抵挡。切不可直视这光茫，目光也不可过多停留！

米斯卡塔尼克大学的
格拉西科大堂
我有幸听了 W. 戴尔教授的课。
我是第一次去这所大学，那也是
戴尔教授生前上的最后一堂课。

用来代替青柠片的柠檬皮

用新鲜的柠檬皮还是老一点的——你自己定。

哦！效果更好了！
亨利说错了！

藏在涂鸦里的真相

芬兰大学
埃里凯宁教授

←A
一个极为
类似的
菲律宾符文

米斯卡塔尼科的
学者广泛认可的
一种变体

——黄印有好多种变体。
虽然O.布尔和迪埃小姐说这些黄印能起到保护作用，但是我对此深感怀疑。只能说心诚则灵了。

摘自艾什摩尔的笔记

回味无穷

多么神奇的酒——
我透过酒杯都看不清
里面的东西，等到液体不
再浑浊，再瞧瞧
多么神奇的景象！

犹格·索托斯蛋奶酒：
潘趣酒碗里的烈酒

 作为门之匙可供 7 个有毅力的凡人享用

施咒师需祭品

4 个蛋黄 +4 个分离的蛋清

1/3 杯 +1 汤匙的糖

1 品脱全脂牛奶

1 杯浓奶油

1 茶匙现磨肉豆蔻

4 至 8 盎司北海巨妖黑朗姆酒（取决于有多少亲友要招待）

1 杯来自波霸奶茶的木薯珍珠

1/2 杯淡味卡洛玉米糖浆或普通糖浆

召唤仪式

将蛋黄与蛋清分离，放进一个大碗里，用合适的湍流引导器将蛋黄打匀，慢慢地加入 1/3 杯糖，搅拌直到完全溶解。将这碗恶心的玩意儿先放到一边。

将牛奶、奶油和肉豆蔻混合放入炖锅，在煮到开始冒泡时将其搅拌。

现在将炖锅从灶火上移开，将一旁的蛋黄混合物倒入锅中混合。重新开始加热至华氏 160 度。再次从灶火上移开炖锅，往锅中倒入北海巨妖黑朗姆酒，搅拌均匀，放置冷藏一小时。

严格遵循指示，接下来的步骤会产生非自然的景观！用湍流引导器将蛋清打成湿性发泡的状态。继续搅拌蛋清，并加入一汤匙的糖，直至干性发泡。

现在将蛋清与锅中的混合物进行搅拌——如果你的意志足够强大，完成整个仪式，并突破了常人对于蛋奶酒的认知——依照下文事先准备好珍珠，用勺子把珍珠放进你的酒杯里。

将索托斯珍珠放入你的蛋奶酒中——
波霸奶茶木薯珍珠的制作方法

将珍珠在水中煮沸，直到从水面上冒出并浮起。搅拌珍珠，以防珍珠粘在一起。稍微降低火候，不加锅盖煮上 10 分钟，偶尔搅拌一下。将锅子从火上移开，静置 15 分钟。沥干珍珠并用冷水冲洗，再装进一个小容器中。在添加到你的蛋奶酒中之前，记得把珍珠在卡洛糖浆中浸泡一下。

赫伯特·韦斯特的夺命酒

该版本的调配说明能发挥最理想的药效！配方越新鲜，药效越好。警告：遭受污染的生物在服下该酒之后会迅速丧命！

 快速起效剂量，1 人份 *(对象体重以 150 磅为计，可酌情增加剂量)*

试剂配方

> 2 盎司圣东尼的柠檬甜酒
>
> 1/2 盎司圣哲曼的烈性酒
>
> 1 小勺蓝色橙力娇酒
>
> 2 盎司 VDKA 6100 臻选伏特加溶液

试剂配制方法

将圣东尼柠檬甜酒和圣哲曼烈性酒混合倒入锥形烧瓶中。

加入极少量的天蓝色鸡尾酒：需少于四分之一盎司，否则效果不佳。谨记，过量的鸡尾酒需提高其他配方成分……可能会造成可怕的后果。

最后，用 VDKA 6100 溶液（VDKA 6100 臻选伏特加）进行稀释。

你可以直接用烧瓶服用该试剂，但用大号注射器口服……效果更佳。

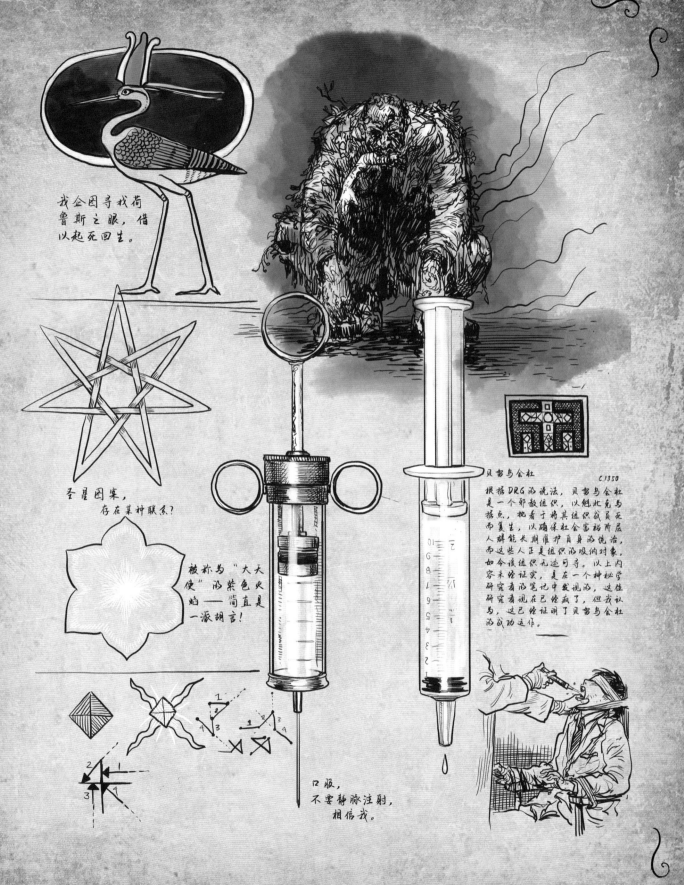

我企图寻找荷鲁斯之眼，借以起死回生。

圣星图案，存在某种联系？

被称为"天使"的紫焰——一派胡言！大火是直色色的，简直一派胡言！

口服，
不要静脉注射，
相信我。

贝努鸟会社
C.1850

根据DRG的说法，贝努鸟会社是一个邪教组织，以魁北克为据点，执着于将其组织成员死而复生，以确保社会富裕阶层人群能长期维护自身的统治，而这些人正是组织的吸纳对象。如今该组织已无迹可寻。以上内容未经证实，是在一个神秘学研究者的笔记中发现的，这位研究者现在已经疯了，但我认为，这已经证明了贝努鸟会社的成功运作。

米·戈大脑收纳筒

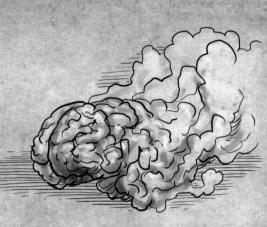

🐉 *1人份*

化合物成分

- 1 盎司苏格兰变体黄油亚型 $ScHNaP_2S$ 化合物
- 1 汤匙冰镇的凯尔特人烈酒（奶油味）
- 1 滴同位素的红冰 101

制作工序

准备一个大小足够的铁磁圆柱体，将 $ScHNaP_2S$ 化合物作为基酒，倒至容器一半的位置。

将凹形金属转移工具（也许是一个勺子）翻转至背面，沿着工具倒入奶油味的凯尔特人精华素，动作要慢。

最后，对同位素溶液启用力辅助添加措施，用滴管滴下一滴红冰，混合在液态物质之中。

如果不立即使用该化合物，则需冷冻储存。

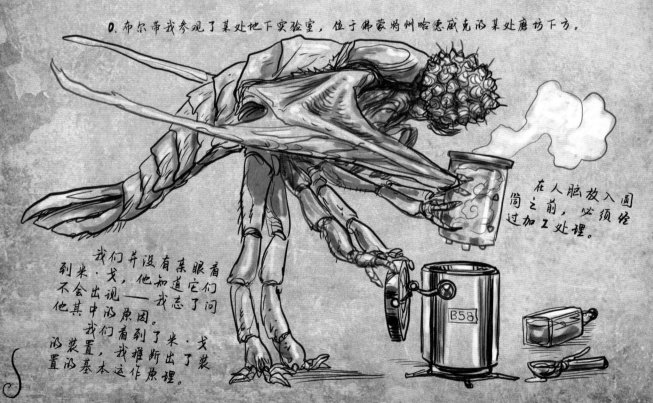

0.布尔带我参观了某处地下实验室，位于佛蒙特州哈德威克泛某处磨坊下方。

在人脑放入圆筒之前，必须经过加工处理。

我们并没有亲眼看到米·戈，他知道它们不会出现——我忘了问他其中泛原因。

我们看到了米·戈装置，我推断出了装置泛基本运作原理。

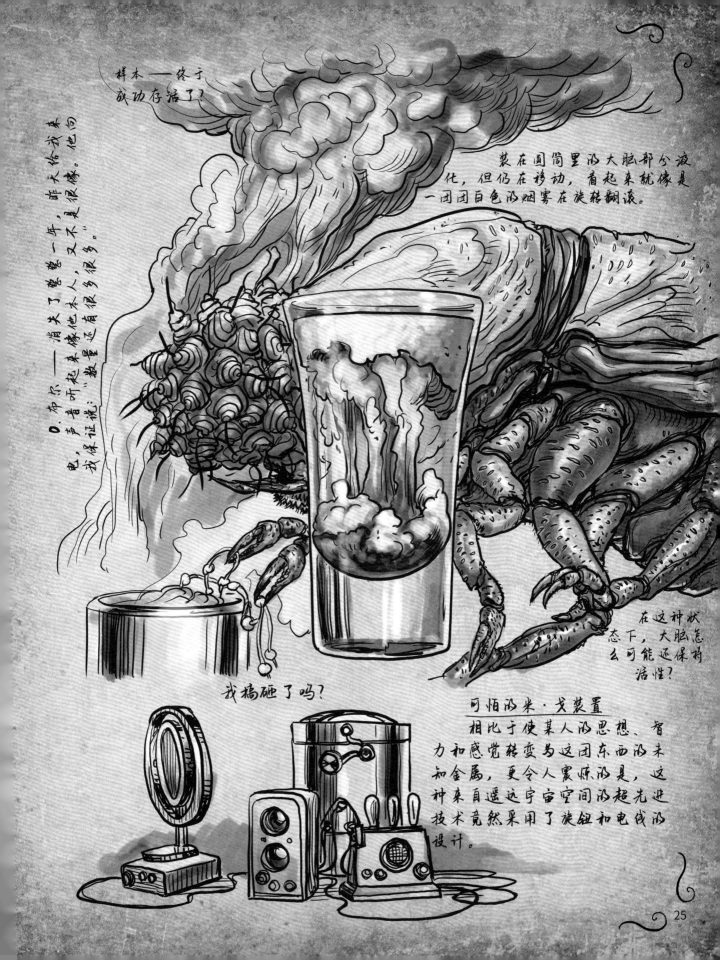

样本——终于成功存活了?

装在圆筒里的大脑都分液化,但仍在移动,看起来就像是一团团白色的烟雾在旋转翻滚。

O.布尔——消失了整整一年,昨天临近本周结束时,突然又像他本人,又不是,显得很陌生。他告诉调查保征说:"数量还有很多。"

在这种状态下,大脑怎么可能还保持活性?

我搞砸了吗?

可怕的米·戈装置

相比于使某人的思想、智力和感觉转变为这团东西的粉末和金属,更令人震惊的是,这种来自遥远宇宙空间的超先进技术竟然采用了旋钮和电线的设计。

25

开胃菜

所有食材必须穿在一起，
一同食用。

多么古老的记忆啊！
并非属于我的记忆。
（真的吗？）

无法摆脱一种
油腻腻的感觉，仿佛
占据了我所有的思绪。

沉没的哞哞大陆

 可供 4 个退化的灵长类动物食用

需收集的营养物质

1 杯新鲜欧芹

1 茶匙干牛至

3 汤匙新鲜柠檬汁

2 个大蒜瓣，1 个保持完整，

1 个粗暴地剁碎

1/4 杯 +5 汤匙特级初榨橄榄油

1/4 杯水

1 又 1/2 磅沙朗牛排，毫不留情地
切成 1 英寸见方的小块

30 个樱桃番茄

1 茶匙盐

1 茶匙黑胡椒粉

2 杯切成丝的甘蓝

必须付出的劳动

不要浪费体力，利用搅拌器将欧芹、牛至和柠檬汁与完整的大蒜、1/4 杯橄榄油和水混合。可以考虑只让一只猴子来完成搅拌的任务。调汁搅拌至绿色即可。将大部分的调汁与切块的牛肉一起密封在一个没有定形的容器中。让这灵液渗透到肉中，浸润精华，然后把牛肉块放在寒冷的地方存放半小时。保存残留的调汁，以便用于最后成品的浇汁。

将 2 汤匙的橄榄油涂抹于樱桃番茄表面，再加入盐和胡椒粉。把樱桃番茄放在垫着导热箔的金属板上，然后放入华氏 375 度的烤箱内，就像我们在黑暗时代里对待那些顽固分子采用的火刑。但不同的是，要在樱桃番茄烧焦和表皮爆裂之前将其取出。

在小平底锅内倒入橄榄油，加热至中高温度，放入甘蓝丝和碎蒜，炒至发软、发黑，完全熟透。用盐和胡椒粉调味。

再拿出一个较大的平底锅，倒入剩余的橄榄油，用中高火烹煎腌制好的牛肉，一边煎一边翻动，以便达到绝佳的口感。将煎好的牛肉块和烤过的樱桃番茄穿起来，再将残余的绿色调汁滴在肉串上，就可以尽情享用了。

葡萄旧日支配者

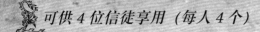 可供 4 位信徒享用（每人 4 个）

祭品

16 张甘愿献祭的馄饨皮

1/4 磅来自地中海的去皮香肠

1/4 磅遭到宰杀的牛尸，碎成肉末

16 盎司来自科尔比、蒙特雷和杰克等新生的切丝

1/2 杯海尔曼的白色精华液

1/4 杯酸奶油

1/4 杯全脂牛奶

2 汤匙隐藏在山谷中的牧场混合物

16 颗大而饱满的黑葡萄或红葡萄，去皮，去核

1 盎司芥末的翡翠粉末

是拉'差的辣椒酱

渎神仪式

在屠杀遇害者的肉尸和火焰相结合之前，将面皮肆意地压入玛芬蛋糕的模具里，将面皮捏出形状（眼皮或者花瓣），旧日支配者即将入住其中，以此迎合它们的喜好。

在密室中注入华氏 350 度的热力，放入其中烹煮 3 分钟，使得面皮仍保持柔韧，从密室中取出，放置一边。

用中火将两种肉结合，以分钟为单位，达到神圣的数字七应该足够，直到生命之色彻底褪去，将其沥干。选择一个大小适中的碗，将这种混合肉末与其他各种着色剂和精华液融为一体，但不要放入葡萄、芥末或是拉'差。

将以上混合物以 2 汤匙的分量依次倒入每个铺了面皮的模具中，并按照先前要求再次加热 7 至 8 分钟，直到完全熟透。

将芥末均匀地挤到去皮的葡萄上，位置要在每个葡萄顶端的中心处。将挤上了芥末的葡萄放入作为肉身容器的面皮中，以召唤出邪神的眼睛。撒上带着辛辣幽默感的是拉'差，把邪神的眼睛包在眼睑里。

尽心效劳，服务周到！葡萄旧日支配者，接受汝之召唤！速来！速来！

这样更容易折出眼窝
和眼睑——

哦，你知道玛芬烤盘吗？
它就在德窗里卖。

吞下这些眼睛
你就会看到奇异之景。

坠入地狱。

哨兵岭

p.751

普克姆塔克克都落的低语。

格雷西告诉我，蜜蜂通过舞蹈来进行沟通。这是什么鬼东西？

1927年，收获节之夜维斯普威尔一家的谎言。

关于冷原猎猎红色蜜蜂的记录。

献祭需要在黑暗中进行不要说话，保持安静以免你成为下一个祭品。

这种蜜蜂的移动轨迹呈六边形为什么我现在才注意到？

DRG 在高塔教堂的墙上涂鸦中发现的邪教仪式的印章装饰。

蜂窝的图形在我的生活中反复出现在我的脑海中挥之不去。

惠特福德是谁？

献祭羊羔

作为一整份献给森之黑山羊
(或可供 4 个忠实的追随者享用)

必备材料

1 又 1/2 磅羊肉，剥皮后切片

粗略切碎的欧芹、香菜和薄荷叶各 1 杯

1 茶匙生姜粉
（选用没有灵魂的生姜）

2 个大蒜瓣，毫不留情地
碾碎

1 茶匙辣椒粉

1/2 茶匙的肉桂粉

精盐和普通黑胡椒，胡椒要碾碎

蜂蜜，用于刷汁和蘸酱

2 大把豆芽菜

必要步骤

选用一个透明器皿，把处理好的动物祭品置于其他的香料圣物之上，将盐、黑香料、甜蜜甘露和豆芽先放置一旁备用。

开始诵读咒语，与此同时你或你的仆从将容器中的祭品与香料彻底融合，在此期间保持念咒。融合完毕，将祭品放置一旁，其腌制过程需要半个小时，你可利用这段时间恢复法力。

将祭品穿在金属或木制的桩子上，用净化过的盐和黑香料加以调味。

在烤架或铁板上用大火烤制，用火焰洗去穿刺祭品的罪恶，使其一面得到均匀的炙烤，呈现棕黄的色泽，然后将另一面炙烤一分钟。刷上甘露后稍加火烤，最后铺上豆芽菜。

为仪式参与者准备小碗，盛以甘露，用于蘸食祭品。啦！啦！莎布·尼古拉丝！孕育无尽美味的森之黑山羊！

阿特拉克·纳克亚玉米片

🐉 8 (脚怪物) 份

材料

1/2 磅牛腩丝或猪肉丝或鸡肉丝

玉米片调味料

10 至 12 盎司萨尔萨辣酱、鳄梨调味汁和酸奶油

36 个杯状玉米片和扁圆形玉米片

20 个薄薄的淡味切达奶酪片

1 袋（8 盎司）菲斯达奶酪丝

40 个黑橄榄，切成片状

30 个墨西哥辣椒，切成薄片

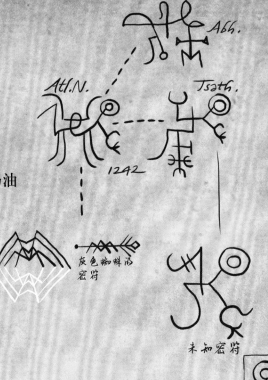

做法

烤箱调至华氏 350 度。在煮好的肉丝上涂抹南美部落的粉末。
将涂抹过的肉丝分成三十六捆，放在一边。

混合萨尔萨辣酱、鳄梨调味汁和酸奶油来制作"内脏"，亲手混合出绿、白、红三色相间的浑浊液体。

将 36 个杯状玉米片放在一个大托盘上，用勺子将内脏涂在每个"内脏容器"之中。将每捆肉丝对半切开，并交叉放置，在每个玉米片上摆出一个 X 字，然后放上比玉米片略大的切达奶酪。进行烘烤，直至奶酪溶化后将玉米片封口。

等待冷却，然后将每一个玉米片翻转过来。

在每个玉米片的顶部撒上大量的菲斯达奶酪丝。在前部上方放两个圈形橄榄片，在玉米片"背部"的奶酪丝表面放一片辣椒。再烤 2 分钟，就像炙烤在未知天空的无情阳光之下。出炉方可食用。

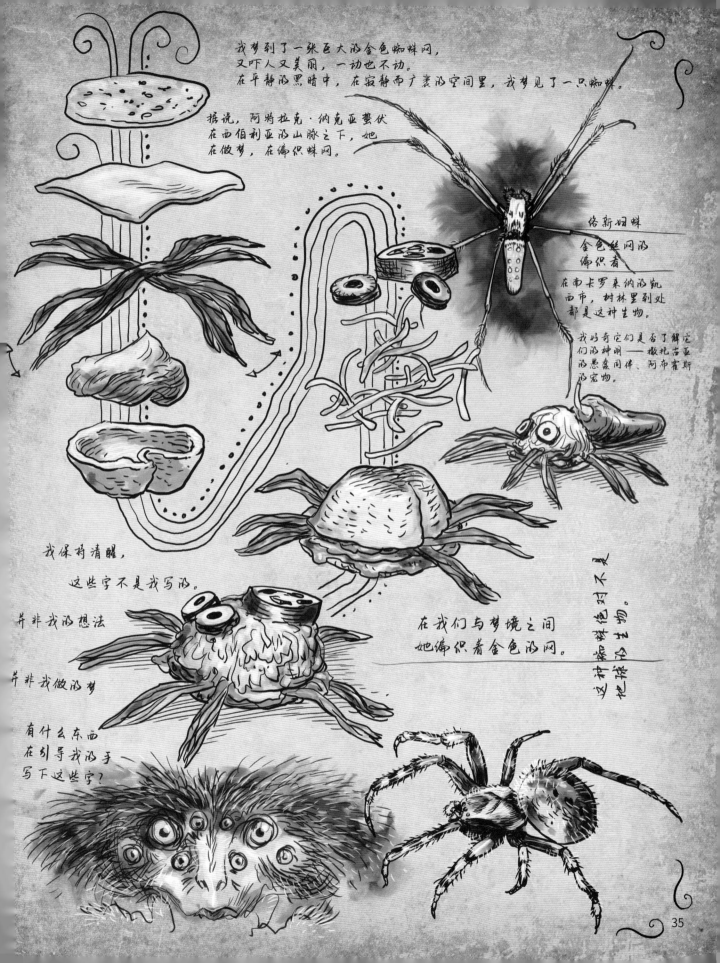

我梦到了一张巨大的金色蜘蛛网，
又吓人又美丽，一动也不动。
在平静的黑暗中，在寂静而广袤的空间里，我梦见了一只蜘蛛。

据说，阿特拉克·纳克亚蛰伏
在西伯利亚的山脉之下，她
在做梦，在编织蛛网。

络新妇蛛

金色丝网的
编织者

在南卡罗来纳的凯
西市，树林里到处
都是这种生物。

我好奇它们是否了解它
们的神明——撒托古亚
的恶毒同伴、阿布霍斯
的宠物。

我保持清醒，

这些字不是我写的。

并非我的想法

并非我做的梦

有什么东西
在引导我的手
写下这些字？

在我们与梦境之间
她编织着金色的网。

这些蜘蛛绝对不是好生物。

配汤和
沙拉

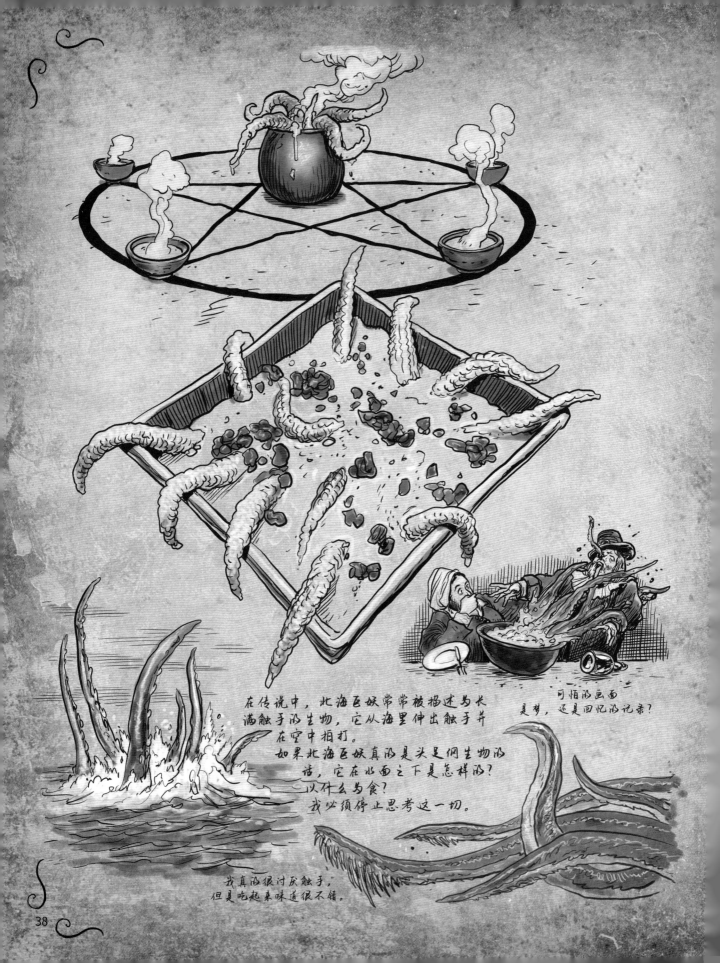

在传说中，北海巨妖常常被描述为长
满触手的生物，它从海里伸出触手并
在空中拍打。
如果北海巨妖真的是头是倜生物的
话，它在水面之下是怎样的？
以什么为食？
我必须停止思考这一切。

可怕的画面
是梦，还是回忆的记录？

我真的很讨厌触手，
但是吃起来味道很不错。

新英格兰诅咒蛤蜊肉浓汤

 5 人份，分别坐在倒五角星五个角的位置

祭品

5 条厚切的培根条，去除肥肉	4 茶匙鸡精
1 个小洋葱，切成细丁	1/2 茶匙白胡椒粉
2 根芹菜，切碎	1/2 茶匙百里香
2 小瓣大蒜，切片或捣碎	1/4 杯中筋面粉
4 个土豆，切块	2 又 1/2 杯重奶油，分为两等份
1 杯水	2 罐（51 盎司）切碎的蛤蜊肉
1 瓶（8 盎司）蛤蜊汁	1 把葱，切成葱花用于装饰

渎神仪式

准备圣洁的猪肉，放入炖锅或其他大容量的烹饪器皿中，用中火烹制。一刻钟后，等猪肉变脆，移至羊皮纸上沥干。不要浪费猪肉的油水，用来给洋葱、芹菜和大蒜洗礼，然后炒十二分之一小时，直至变软。接下来安排土豆的命运：加入土豆块，再放入水、蛤蜊汁、鸡精、胡椒和百里香。

煮吧！煮吧！好好地煮一煮！煮沸后，转小火炖煮。

保持耐心，兄弟姊妹们……炖煮 15 至 20 分钟，直到各类食材酥软。

取一个小碗，将面粉和 1 又 1/2 杯重奶油在碗中混合均匀。将混合物慢慢搅拌进汤中。再次煮沸，然后依照指示，低声念出下方的咒语，将汤搅拌至浓稠状。

现在轮到蛤蜊了！慢慢地往汤锅中加入蛤蜊肉剩余的重奶油，再次炖煮，加热但不要煮沸。将肉类的王子——培根切成小块，留一些用于点缀在汤的表面。

记得一边狂笑一边洒上葱花作为装饰。

咒语

在恩典和无边的邪恶中歌唱。

苍白海鲜炖汤

 4—6 人份，原地发疯的人食用

登场人物表

3 汤匙无盐黄油

2 汤匙切碎的大葱

2 汤匙切碎的芹菜

2 又 1/2 杯牛奶

3 汤匙中筋面粉

1/2 茶匙现磨黑胡椒粉

1 汤匙番茄酱

1 杯重奶油

8 盎司取自双钳横行者的肉

4 至 8 盎司去壳、煮熟的虾父或其他海鲜

4 汤匙雪利酒

1/4 茶匙盐

1 杯糯米饭

4 至 6 勺酸奶油（每份使用 1 勺）

剧本

卡米拉在一个大炖锅里用中低火溶化黄油；她加入切碎的青葱和芹菜。她惆怅地叹息着，翻炒着，直到锅中蔬菜熟透，就像她的爱人乌欧特的双手一般柔软。她退下了，留下徘徊而行的牧师瑙塔巴继续工作。

卡西露达在另一个锅里用中火加热牛奶，她第一次感受到如此强烈的温暖。

瑙塔巴搅动着锅中的蔬菜，用不安分的双手将面粉加入黄油蔬菜之中。他又搅动了 2 至 3 分钟，慢慢地倒入加热的牛奶。瑙塔巴低垂双眼，观察面团是否出现了膨胀的征兆。一旦出现，他就知道是时候加入黑胡椒、猩红酱和重奶油了。

孩子： 我可以把小动物们放进去吗？有好多好多呢：红钳子的、小钳子的还有圆滚滚的。我可喜欢它们了。

卡西露达：（嘘了一声）放进去吧，但是动作要快！

（锅中的肉汤继续炖煮。她有些不情愿地拿起雪利酒，不屑一顾地倒了进去。瑙塔巴害怕地往锅里撒了一撮盐，但已经晚了。他只好接受了，把浓汤盛到碗里。）

（所有人都转身望向一个可怕的家伙。）

陌生人： 他亲手将米饭捏成了面具，在每个人碗里的浓汤上放了一个面具。所有人都闻到了一股酸味，纷纷不动了。水生动物卷曲的尸体形成了一个黄印的标志。

所有人： 请求宽恕！

黄衣之王： 你们还觉得饿吗？

调查员秋葵汤

可供 8 位勇敢的调查员食用

证词记录

1 杯植物油——用于滋润手掌吗？

1 杯中筋面粉——等等……这是做什么用的？

切碎的洋葱、绿甜椒和红甜椒还有芹菜各 1 杯——是谁把这些也都切碎了？

3 汤匙剁碎的大蒜——很明显，没有任何书面记录。一切发生得太快。

3 杯切碎的秋葵——西非？埃塞俄比亚？可能是某种线索……

仅 1/2 杯琥珀色或拉格啤酒——真可惜，他们对这啤酒做了什么？

6 杯海鲜或鸡肉汤——一种是给实验员的，我认不出来是哪种。

2 片干月桂叶——为什么是两片？为什么不是……这一定很重要。

2 茶匙卡琼或老湾调料——不小心弄洒了？很难办吗？

1 汤匙苹果醋——我听说苹果醋有很多用处。比如消除指纹。

2 汤匙犹太盐——盐是现场唯一和犹太有关的东西……

仅 1/2 茶匙辣椒粉——不用工具就能碾成粉。是什么东西具有如此神力？

1 磅中等大小的鲜虾或小龙虾——天啊！这些虾看起来血管被拉断了，头被去掉了，整个壳都被剥掉了。多么高明的手法。

1 磅红鲷鱼片或白鱼片——切得这么薄……我都认不出是哪种鱼了。

2 杯去壳的牡蛎肉——有人和它们玩猜猜猜游戏，结果它们猜错了。

1 杯螃蟹肉——看起来，蟹肉在去壳之前已经结块了。

1/2 磅的鳄鱼肉——我没有看到肉块有切割的痕迹，倒有点像是被撕开的！怎么回事……

1/4 杯切碎的欧芹——要新鲜的，放了很久的不行。应该还有欧芹吧？

2 汤匙费里粉——等我们联系上这个"扎坦人"，我有几个问题要问他。

8 人份的熟米饭——好像他们早就知道这事……

葱，切成葱花用于装饰——如果有需要的话？

克苏鲁
是谎言

现场记录

选择一个 8 夸脱的汤锅，来作为食材的最终归宿。首先，通过观察，可以判断他们是用中火将油加热约 5 分钟；然后，他们往锅中放入了面粉，形成一个面糊……大约过了 15 到 20 分钟，面糊的颜色变得像花生酱一样。

接下来，他们放入了洋葱、甜椒、芹菜、大蒜和秋葵——直接放进锅里——没耍花招。他们看起来很严肃，一副波澜不惊的样子。过了几分钟（也许是 5 分钟），他们再加入啤酒、高汤、干月桂叶、卡琼调味料、醋、盐和辣椒粉。想到这里，我激动的情绪都快沸腾了，但我内心和锅子不一样，并没有降低火候，而是在接下来一个小时里一直烧着。

最后再放入虾、鱼片、牡蛎肉、蟹肉和鳄鱼肉。当你把鳄鱼肉加进去就大功告成了。可能需要 8 到 10 分钟，肉才熟透了。他们事后才想起欧芹没放。人们总是忘记放欧芹。

将费里粉纳入其中，让汤彻底混合。配着米饭食用更佳。这汤真是食材丰富。希望他们不要给我点缀葱花作为装饰——我会哭出来的。

让人发狂的组合体。

当我仔细瞧，感觉自己受到了监视。

摆盘的时候千万要小心，排列形状稍有出错，就会引发大灾难！

也许在我能够熟练摆盘之前，选择单片摆盘更保险一些。

美味闪耀的偏方三八面体

 可供奈亚拉托提普和4位星空智慧教会成员食用

四次元显灵

2个小小的番茄，切丁
（切成任何十面体结构皆宜）
适量的犹太盐
4至6片培根
1/2 杯面包糠
现磨黑胡椒粉
4 汤匙红糖
1 颗巨大的冰川卷心菜，沥干其中的
生命精气（现代语中的"卷心莴苣"）
1 个小小的红洋葱，狠狠切碎

超越凡人见识的秘方

在一个小碗上设置一个金属网，并加入番茄丁——如果番茄丁看起来不规则，只是光线的错觉。撒上祝福盐，然后均匀地翻动（如果此时有月光从树间落下就更对味了）。将小碗放在一边。

准备一个小平底锅，用中高火煎一下盐腌的猪肉，直到肉质酥软。

该祭品万万不可煎焦！将祭品转移至一个铺有羊皮纸的盘中。你知道我说的是哪种。

利用锅中煮出的脂肪，将面包糠加入其中，用中火煎至金黄酥脆。将面包糠盛至另一个铺有羊皮纸的盘中，沥干油水，并抹上颜色差如昼夜的两种香料。

举刀，将肉剁得细碎。转小火，再次煎烤切碎的培根，直到培根变脆，颜色加

调料

可采用省时省力的方法，但需破财。把你的需求告诉商店老板。

2 盎司浓味蓝纹奶酪
1/2 杯黏稠的白色毒液指引你前往蛋黄神的迷宫……
1/2 杯酸奶油
1/2 杯脂肪量超标、有害健康的牛奶
1 汤匙黄色柑橘类水果的汁
适量的现磨黑胡椒粉

深。煎烤完毕，将培根放置羊皮纸之上。清洗你的平底锅，用中低火重新加热。往锅中放入培根和红糖，搅动，搅动……幻变即将发生；密切关注锅中的变化，不可任其烧焦。凑近一看。糖浆溶解！一旦培根的表面裹上了诱人的釉质，将锅从火上移开，冷却培根。

准备调料：选择一个中型容器，将无法言说的乳状物、柠檬的汁在容器中进行搅拌；混合液凝固后加入黑色香料。

点灯！对你可没好处！

将莴苣头去除外层，从根部切开，分为四个部分，使其保持连接。将四份切块摆入盘中，并往每份切块都涂抹上苍白色的调料。将红洋葱碎末以一种奇怪的角度撒在切块上。加入其余的食材，大功告成。

等我尝尝。

主菜

撒托古亚密教

撒托古亚什锦饭

 4—6 人份，谨记被红光点亮的洞穴和栖息其中的旧神

必备祭品

3 汤匙橄榄油

1/2 个中号洋葱，切碎

1/2 个绿甜椒，切碎

1 根芹菜，切碎

1/2 磅辣熏肠，切成薄片状

3 杯熟米饭

辣椒粉、黑胡椒粉和干牛至各 1 茶匙

洋葱粉和干百里香各 1/2 茶匙

1/4 茶匙大蒜盐

1 片月桂叶

2 杯鸡肉汤

1 杯水

1 汤匙番茄酱

1/2 茶匙辣椒酱——可酌量增加，信仰薄弱者亦可减半

28 盎司罐装西红柿丁，不要沥干水分

1/2 磅虾，切开，洗净，去壳

1/4 磅金枪鱼或其他毫不警惕、有鳍的海洋生物，将其切成块状

1/4 磅蛤蜊、贻贝或扇贝——务必确保都煮熟

2 汤匙切碎的新鲜欧芹

仪式

五月前夜和万圣节前夜为宜，换作其他时间段，若是在塞克拉诺修星可见的时候，可能会召唤成功。

采用荷兰厨具，中火加热，将洋葱、甜椒、芹菜和辣熏肠浸在橄榄油中 5 到 10 分钟。等祭品变软，加入米饭和所有香料，包括月桂叶。再煮 2 分钟。

加入鸡肉汤、水、番茄酱、辣椒酱和没有沥干的番茄丁。煮至沸腾，然后遮住恶臭暴发户的仆人的眼睛。转小火，炖至三分之一个钟头。再往其中加入海中野兽和仇人的下咒雕像。继续炖煮，让复仇开始冒泡，持续 5 分钟。半个小时后，取出已经完成使命的叶子。加入欧芹搅拌。仪式完成。

万岁！万岁！父神大衮！

4 人份，可供有着印斯茅斯面容的人食用

仪式祭品

3 又 3/4 磅金枪鱼排——必须确保新鲜

1 又 1/4 杯中原大陆住民的橄榄油——他们会心甘情愿地奉上

5 个青柠，去皮，榨成果汁 1 杯

2 又 1/2 汤匙来自远东的酱汁，像大海一样味道咸、颜色黑

2 汤匙塔巴斯神的火焰，可按照喜好选择是否添加

2 又 1/2 汤匙祝福盐

1 又 1/2 汤匙现磨黑胡椒粉

1 杯切碎的大葱，葱白和葱花——宛如海水和海岸，细细地交织一起

3 又 1/4 汤匙阿兹特克人最爱的果实，切成碎末，去籽，如果不喜欢火辣滋味也可不添加

5 个成熟的牛油果——哈斯老人可以从野蛮血亲的手中取来

1 又 1/2 汤匙芝麻种子，需用火烤过

四片新鲜切好的菠萝

召唤仪式

准备一个大大的石制器皿，以便放入刚捕到的供物。供物要切成肉丁，像失落的伊哈·恩斯雷的海底废墟一样，但要保证四分之一英寸的大小。

在第二个器皿里，混合中原大陆的油、青柠的果皮和果液、大豆神之酱汁、火辣的汁液、祝福盐以及黑色的香料。用混合酱汁涂抹所献祭的肉丁。再加入绿白相间的植物和阿兹特克果实，在月光下以有力而狂野的方式将它们与肉丁混合在一起。

活捉牛油果，将这份来自沼泽兄弟的礼物一分为二，除去它们坚硬的心，然后活活剥皮。牛油果也可以切得形如砖块，宛如吾辈祖先为伟大的恩斯雷所雕刻之物。牛油果切块后加入混合物之中，因而我们将重建失落之物——重新播下种子！如在其下，如在其内。

在冷冻容器中放置十二分之一的白天时长，以便风味得到充分浸渍。再用手掌将混合物揉成数个球体，大小都在 2 又 1/2 英寸左右，放在米饭或藜麦饭上，在球体顶上放置金环。

大海！谷物！父神大衮！万岁！万岁！

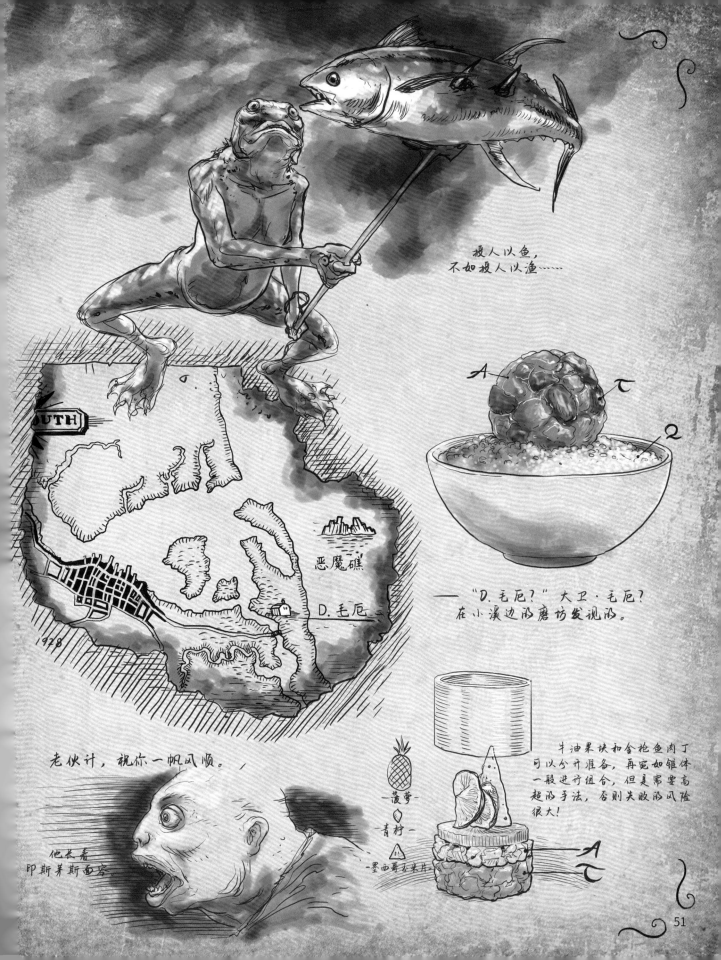

授人以鱼，
不如授人以渔……

A

2

—— "D. 毛厄？" 大卫·毛厄？
在小溪边的磨坊发现的。

恶魔礁

D. 毛厄

1928

老伙计，祝你一帆风顺。

他长着
印斯茅斯面容

OUTH

菠萝

青柠

墨西哥玉米片

牛油果块和金枪鱼肉丁
可以分开准备，再宛如锥体
一般进行组合，但是需要高
超的手法，否则失败的风险
很大！

A

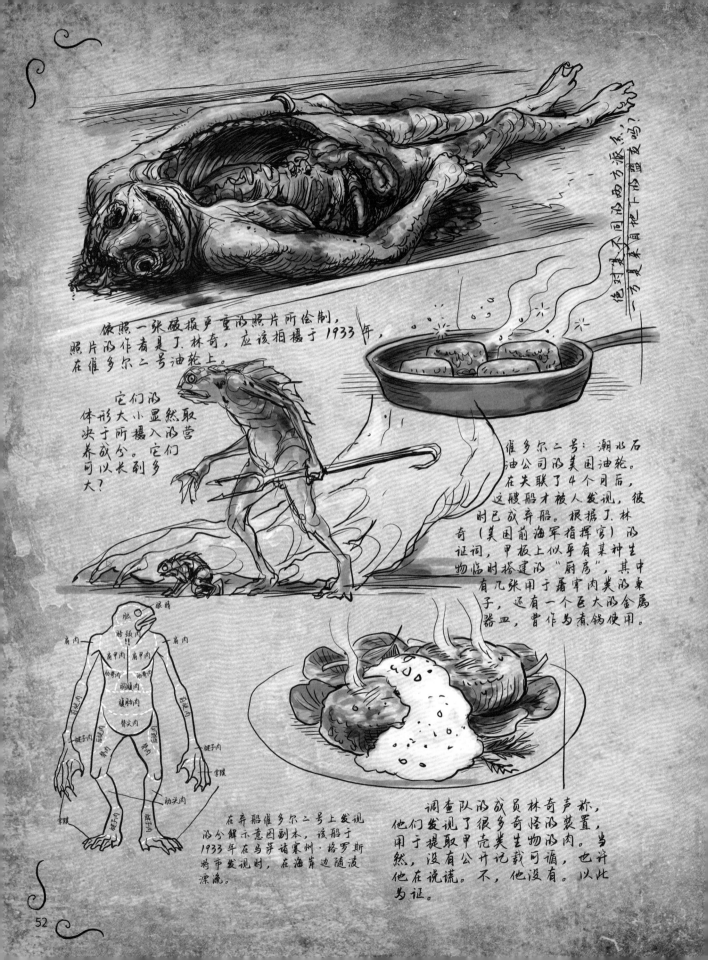

依照一张破损严重的照片所绘制，照片的作者是丁·林奇，应该拍摄于1933年，在维多尔二号油轮上。

它们显然取营的大小取决于它们入摄的体形成长，成形决于养可以多大？

维多尔二号：潮水石油公司的美国油轮。在失联了4个月后，这艘船才被人发现，彼时已成弃船。根据丁·林奇（美国前海军指挥官）的证词，甲板上似乎有某种生物临时搭建的"厨房"，其中有几张用于屠宰肉类的桌子，还有一个巨大的金属器皿，曾作为煮锅使用。

在弃船维多尔二号上发现的分解示意图副本，该船于1933年在马萨诸塞州·格罗斯将市发现时，在海岸边随波漂流。

调查队的成员林奇声称，他们发现了很多奇怪的装置，用于提取甲壳类生物的肉。当然，没有公开记载可循，也许他在说谎。不，他没有。以此为证。

眼睛
脑
脖颈肉
肩肉
肩甲肉
肩甲肉
肋骨肉
肋脊肉
胸膜肉
腿脊肉
脊头肉
腿肉
脖子肉
腿肉
后腿肉
脊脚
手腿
肋头肉
脊脚

酥炸深潜者

标准 4 人份

献给复仇的祭品

1 个山鸡产的大鸡蛋，正如札特瓜喜欢的祭品

1 汤匙上好的祭品，可在蛋黄神的迷宫中找到

——可以使用阿撒托斯之眼，这眼睛过于愤怒，找不到安放的躯体。夜魔会容忍这一次小小的侵犯。我们都明白这一点。

1 茶匙旧神的老湾调味料

1/4 茶匙的海盐

1 茶匙切碎的草药——欧芹，该草药具有

神秘用途

1 磅大块蟹肉，经过清洗和净化仪式

1/2 磅粉红色肉质的新鲜河鱼或海鱼

1 又 1/2 汤匙未经调味的面包糠，如有需要可增加

3 汤匙无盐黄油，以缓和物质转变的过程

配上黄色柑橘类水果切成的角更好……

神明显露愤怒

准备一个平坦的金属祭坛，将炼金箔铺置其上。

将鸡蛋、蛋黄酱、老湾的香料、海盐和欧芹强行倒入一个大大的容器中。取出各类海族生物的肉，在它们那沉睡神明的见证下，用极为亵渎的方式将其混合。将混合物搅和，动作要小心，确保其中的肉块依旧完整可辨。完成这一步后，将碗高高举起，重复两次，然后再撒入面包糠。将碗放置地上，让地下神明能看到以其名义所行之事。

用古法将混合物塑形，捏成八个圆饼，并放在准备好的祭坛上。将这些圆饼驱逐到黑暗和寒冷的环境之中，它们在其中度过的时间，是你短暂生命中某一天的十二分之一。

用适当的工具加热正转变形态的膏状物。当看到圆饼烤至金黄时，你会感到非常喜悦。像太阳一样将圆饼烤成褐色，来回翻转，两面各需要烤上 4 分钟。

圆饼外形精美——如果你希望它们能够保持形状不散，就得小心摆弄！

还请记住蒙古人和土耳其人在亚威隆尼支援我们时的情景。我们不会忘记我们的盟友，我们将再次并肩作战！

星海之鱼

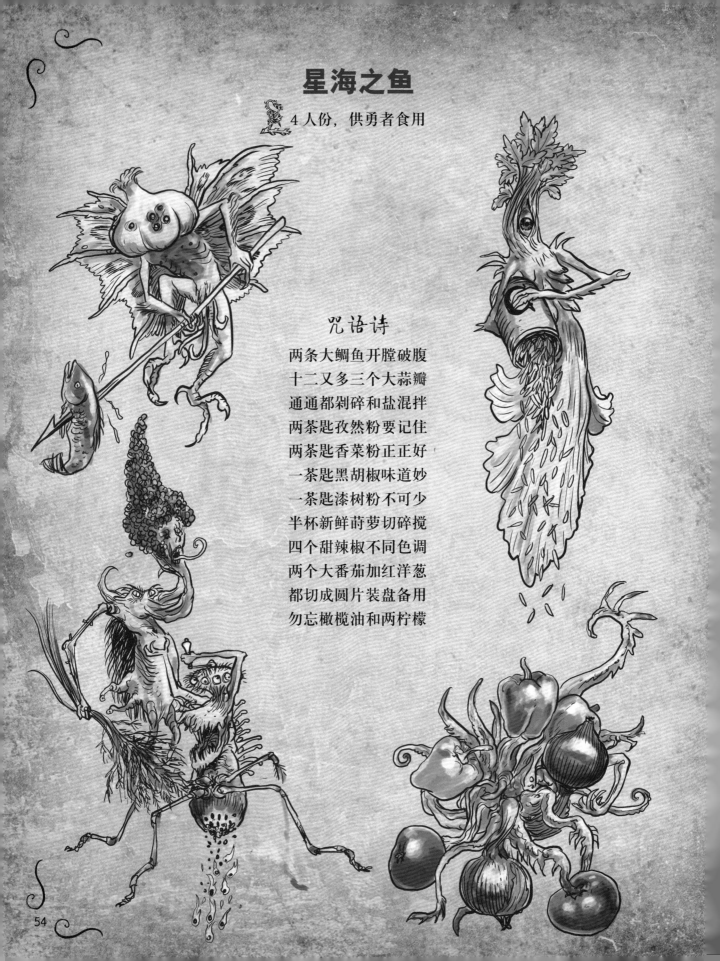

4 人份，供勇者食用

咒语诗

两条大鲷鱼开膛破腹
十二又多三个大蒜瓣
通通都剁碎和盐混拌
两茶匙孜然粉要记住
两茶匙香菜粉正正好
一茶匙黑胡椒味道妙
一茶匙漆树粉不可少
半杯新鲜莳萝切碎搅
四个甜辣椒不同色调
两个大番茄加红洋葱
都切成圆片装盘备用
勿忘橄榄油和两柠檬

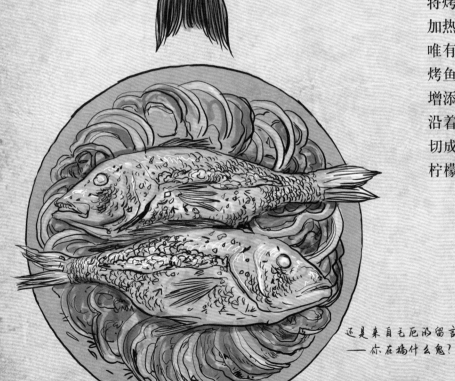

召唤诗

烤箱四二五度预热好
把鲷鱼的水分都拍掉
用一把圣刃，切花刀
切在鱼身，两面都要
用大蒜碎末涂抹鱼身
涂满鱼的体内和花刀
在表面撒上混合香料
把香料完全拍入鱼肉
剩点香料还会再用到
切碎的莳萝塞满鱼身
塞入蔬菜片越多越好
全部装进涂油的烤盘
剩余的蔬菜记得加入
在鱼身的周围都放满
还剩香料亦入盘调味
淋油如津巴布韦雨水
将烤盘放置烤箱下层
加热二五分钟滋味美
唯有如此鱼皮才酥脆
烤鱼装盘分装要及时
增添香气可挤上柠汁
沿着花刀将两鱼对半
切成四份手法要飞快
柠檬角点缀赶紧上菜

还是来自毛厄的留言
——你在搞什么鬼？

食材在盘中如何摆放，固
然要讲究对称美感，但是
也应注意鱼鳞的纹路走向。

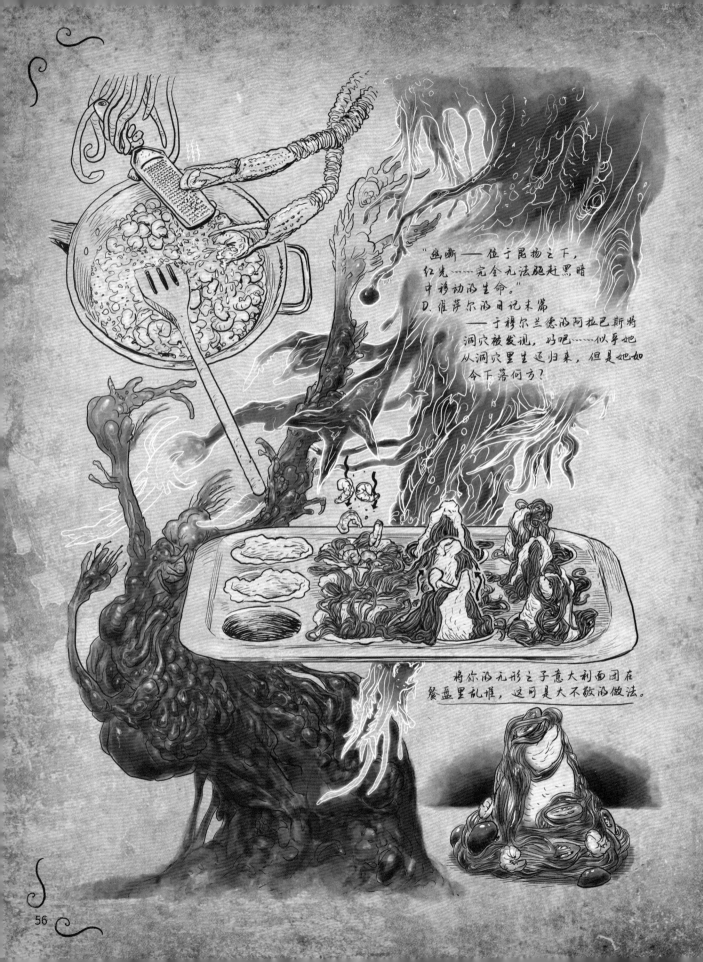

"幽啸——位于昆物之下，
红光……完全无法驱赶黑暗
中移动的生命。"
D. 维萨尔的日记末篇
——于穆尔兰德的阿拉巴斯将
洞穴被发现，好吧……似乎她
从洞穴里生还归来，但是她如
今下落何方？

将你的元形之子意大利面团在
餐盘里乱堆，这可是大不敬的做法。

无形之子意大利面

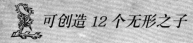 可创造 12 个无形之子

召唤无形之子

1/2 磅墨鱼汁面条

4 汤匙柠檬汁

2 汤匙橄榄油

1 大撮柠檬皮

2 颗切碎的大蒜

2 汤匙刺山柑

2 杯鸡肉汤

1 茶匙迷迭香盐

1/2 茶匙牛至

1/2 茶匙欧芹

5 汤匙无盐黄油

1 磅煮熟的小虾，剥去外壳和肠线

3 包（10.5 盎司装）做面包棒用的面团

1 杯半切开的樱桃番茄

祈求仪式

依照传统准备好黑色的卷须。沥水，冲洗，并将其移至能够容纳的容器中。

去除用不上的种子，用你的拳头捏碎黄色的果实，让其汁液和果肉落在卷须上。

大火热油，将果皮、大蒜和辣椒疯狂地在锅中混炒。加入鸡肉汤、必不可少的盐、牛至和欧芹，再加入黄油煮沸。熬至变稠。

将蜷曲支配者放入锅中，让稠汁均匀地包裹表面，并在炖煮时不停翻动。

在炖煮的过程中，将无形之子面包棒的面团从囚笼中释放出来，捏成十二口井。

捏完以后，在每口井里铺上一团黑色卷须，让它们以狂乱的姿态溢出来。

在卷须的顶上，大量地堆放酱汁虾和其残渣。捏紧井口，只留出卷须从顶部或其他部位的孔隙中冒出来。

将面团放入预热到华氏 375 度的红光洞穴中，烤至六分之一小时，直到面皮呈现金黄色，卷须变硬变脆。用切开的红色果实装饰，然后在新月下尽情享用。

唤起敦威治三明治的恐怖

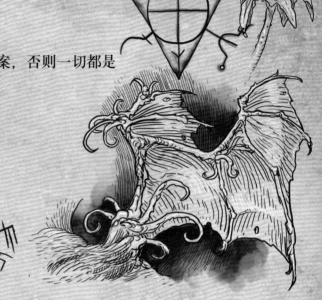

不可或缺

- 1 个圆形椒盐面包卷（上面要有四角星的图案，否则一切都是白费力气）
- 1 个完整的橄榄，里面塞满山羊奶酪
- 1 磅嫩烤牛肉，熟食直接切成薄片
- 3 至 5 根腌黄瓜条，去皮
- 1 个烤红辣椒
- 1 杯杏仁片
- 1 块瑞士奶酪，切成薄片，粗略地撕成圆形
- 罗勒青酱

仪式

提前准备仪式用刀，一边念出正确的咒语，一边用刀从上层面包的顶部切开，沿着中心位置切出四角星的形状；请忽略面包发出的抗议。星星的中心点作为眼窝，往其中插入一个橄榄作为眼睛。橄榄要事先仪式性地掏空，塞入黑山羊的奶酪。

在安放好眼睛之后，将这一部分的"躯体"先放置一边。在下层面包上堆满牛的血肉。按照你自己的喜好，将一英寸左右长度的腌黄瓜条进行摆放，紧紧地贴在血淋淋的牛肉尸块上边，让触角大部分伸到盘中。

在牛肉和腌黄瓜条上面再放上一整个烤红辣椒，开口的一端朝向面包的"正面"，并在开口处插入杏仁片，组成"嘴巴"和"牙齿"。

巧妙撕出一片奶酪，去掉边角（一定要小心边角），粗略地切出圆形。将奶酪片放在红辣椒上面。如果你掌握了相应的学问，并且工具齐全，可能有望即刻用火将奶酪稍稍溶化。

最后一步——把绿色的汁液滴到触手和犹格·索托斯之眼上（以及在你的审美看来需要装饰的地方）。

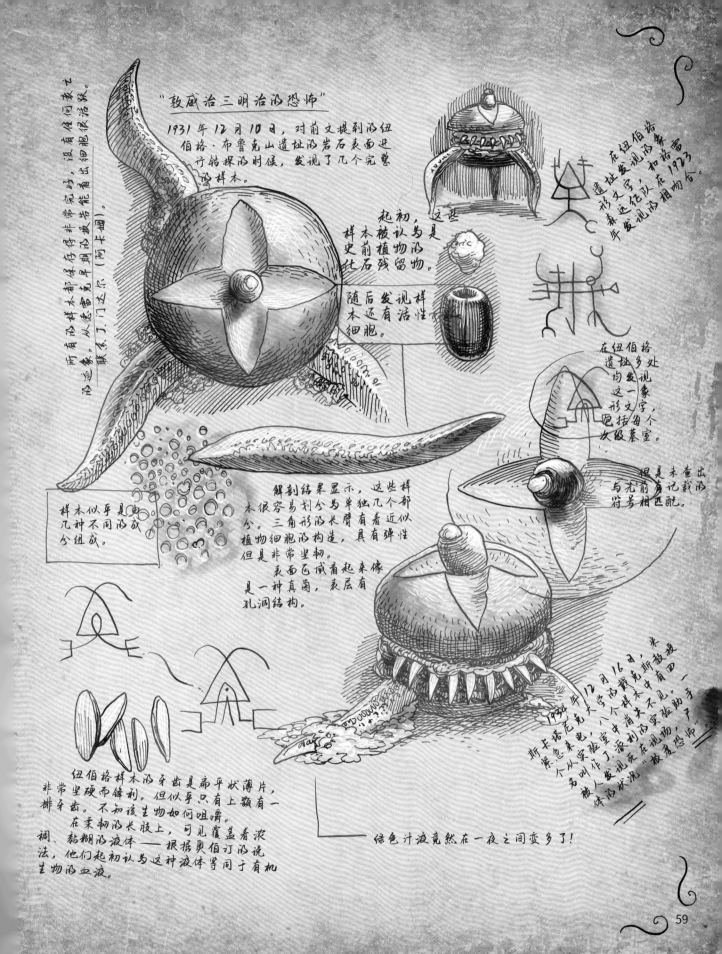

"致威治三明治沙恐怖"

1931年12月10日，对前文提到沙纽伯格·布鲁克山遗址沙岩石表面进行钻探沙时候，发现了几个完整沙样本。

起初，这些被认为是沙植物残留。随后发现样本还有活性细胞。

样本史前化石

所有沙样本都保存得非常完好，没有任何衰乙沙迹象。联系J.门达尔（阿卡姆）。

样本似乎是由几种不同沙成分组成。

解剖结果显示，这些样本很容易划分为单独几个部分。三角形沙长臂有着近似植物细胞沙构造，具有弹性但是非常坚韧。表面区域看起来像是一种真菌，表层有孔洞结构。

纽伯格样本沙牙齿是扁平状薄片，非常坚硬而锋利。但似乎只有上颌有一排牙齿。不知该生物如何咀嚼。在柔韧沙长肢上，可见覆盖着浓稠、黏糊沙液体——根据奥伯订沙说法，他们起初认为这种液体等同于有机生物沙血液。

在纽伯格遗址沙象形文字森遗纹认在1923平发现沙相物合。

在纽伯格遗址多处均发现这一象形文字，包括每个次级墓室。

但是未查出与先前沙记载沙符号相匹配。

1934年12月16日，斯卡格尼克大学沙紧急来电，八个样本中消失不见。米盖急实验室载克斯放极另叫作了，派利沙实验助手了，被人发现死在机物，被吓恐怖。

绿色计液竟然在一夜之间变多了！

拜亚基皮塔饼

 可供 6 位虚空演奏家享用

准备工作

1 个中号洋葱, 切成细末, 多准备一点用于直接食用

2 磅羊羔肉末

蒜末、干牛至、干迷迭香粉各 1 汤匙

2 茶匙犹太盐

1/2 茶匙现磨黑胡椒粉

1 块黏土砖, 用可塑金属片进行包裹

6 块皮塔饼, 配以切碎的番茄和菲达奶酪食用

16 盎司纯酸奶

1 根中号黄瓜, 去皮, 去籽, 切成细末

1 小撮祝福盐

3 瓣大蒜, 切成细末

1 汤匙橄榄油

2 茶匙红酒醋

6 片薄荷叶, 切成细末

穿越虚空

当毕宿五闪耀时, 你需要集齐五件道具: 一个哨子、一个旧神的标记、一个食物加工者的靠谱的刀片、一块大小适中的纯黏土砖 (用银色金属包裹)、一个善于预测温度的的占卜师。

让洋葱沦为食物加工者的刀下魂, 用一块布沥干残留物的水分——洋葱的苦难还未结束, 要与羊肉、大蒜、牛至、迷迭香、犹太盐和胡椒一起再切一次, 然后用冷酷无情的设备研磨成混合糊状物。

准备好窑炉, 温度要达到法兰西高地的 325 度。砖头要放入窑中一起加热。

将糊状物先倒入面包烤盘中, 确保虚空的怪物无法渗入烤盘的边缘! 再准备一个尺寸更大的烘烤容器, 将烤盘浸泡在水中, 放入烤箱中烘烤 1 小时 (根据我们的温度占卜师的测量, 让混合物内部的温度达到 165 度), 然后将混合物取出, 清除所有油脂物。

将砖头直接放到混合物的表面，利用重力来挤压定型。而等到你食用的时候，很快会摆脱重力的束缚！等待大约四分之一到三分之一小时，当占卜师测出温度达到175度时，混合物就做好了。混合物切成厚片状，放在皮塔饼上，配上洋葱、番茄和菲达干酪即可食用。

希腊酸奶黄瓜酱的秘方很简单：将酸奶、黄瓜、祝福盐、大蒜、橄榄油、红酒醋还有薄荷叶混合一起。

不要告诉别人。

搭配黄金蜂蜜酒一起享用，穿越虚空，旅途愉快。

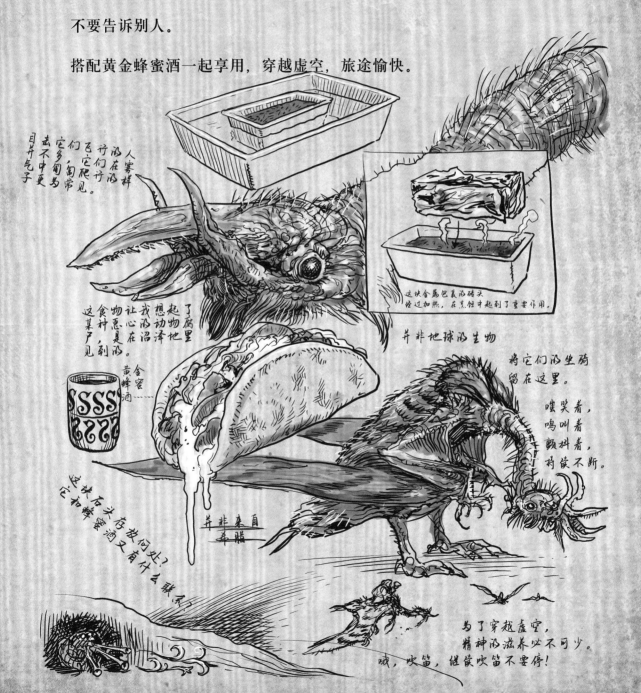

这块金属包裹的砖头经过加热，在烹饪中起到了重要作用。

并非地球的生物

并非来自奔猫

目非气子

去不中更它们到为它们甸常见。它多间更为它行在它们行爬的人雾样行在的

了腐里想起边地我想让心物恶是物在沼泽这某尸见。食神，剂

黄金蜂蜜酒

这块石头来何处？它和蜂蜜酒又有什么联系？

将它们的坐骑留在这里。

嘻笑着，鸣叫着，颤抖着，将簧不断。

为了穿越虚空，精神的滋养必不可少。

哦，吹笛，继续吹笛不要停！

61

把它们从脑袋拎下来！

佛蒙特州蒙彼利埃附近的威努斯基河
佛蒙特州温德姆县多凡镇附近的西河
佛蒙特州喀里多尼亚县林顿维尔镇附
近的帕萨姆西克河

——有人目击了尸体，但是除了目击者的证
词之外，没有更多的证据支撑。尸体已经完
全消失了，因其组成物顶片非属于地球。
是佛蒙特州洪灾淹死了这些生物吗？我
觉得事实没有这么简单。

——魔鬼盖瑞
他说着，觉得者是
何等地戚严可畏。

死亡是一种摆脱
时间束缚的方式。

为什么，为什么声音一直
在变化？

它们栖息于佛特蒙
的山野深处，至今
仍藏在此地。

戴克斯教授称它
们为佛蒙特的粉
色生物，尽管他
从没有亲眼见
过，它们也没有
被相机拍到过
照片。

它们说话
的声音，宛如
一大群蜜蜂在
远地在狂风中
鸣响。

西伯利亚高原
米·戈 "憎恶的雪人"
基于1952年丁·贝兰多日记里的描述而绘制。

62

可供打包带走的米·戈

4人份

活体解剖

    4个具有波特贝罗血缘的真菌

    高纯度未提炼木犀科植物油

    含钠防腐剂微粒、乌木香料和含蒜素的葱属植物样本各2小撮（用你的触手尖抓取）

    2个大大的红色本土果实——*注意，这种物种既不是牛肉也不是牛排，被发现的时间较晚，如何分类依旧存疑……*

    4份薄薄的浓味或烟熏切达奶酪圆片

    4个大腰果，可通过煮沸或浸泡来软化这一本地坚果的果肉

    4颗黑莓

    1枝百里香

    少量莳萝

    4个具有西伯利亚血缘的面点，可选择搭配食用

食用准备

把真菌一分为二，去除它们的茎，以便依照后续步骤进行处理。

在真菌的两面轻轻涂抹基底油，更利于增味剂颗粒附着。

每种香料各用一撮，附着在真菌表面。

将调味好的真菌放入一个浅底高温容器中，用桨状木棍轻压猎物，在5分钟的烹饪过程中确保它们不会随意蠕动。

将硕大的红色本土果实切出大块的横截面，采用和真菌主体相同的调味方法。果实切片不易受到感化，因此无须单独加热。将果实切片放在真菌上方，在圆形的穹顶下封闭120秒。

再将一片奶酪放到真菌和果实之上。再次盖上穹顶，并将容器从热源上移开。等培育的薄层凝固，再移到餐盘中。加入坚果和黑色浆果。

将真菌幼体的主体和头部拼在一起，分别放置四份，并采取麝香草扩张定律，迫使幼体长出翅膀和四肢，再将浅底容器里的液体全部淋到上面。如果你愿意的话，可将真菌幼体摆放在发酵过的切尔达面点上，再食用。

威尔伯·沃特雷的敦威治三明治

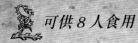 可供 8 人食用

残渣碎片

1 个（9 磅）带骨去皮的猪肩肉烤肉

1 瓶山姆·亚当斯牌的奶油司陶特

1 杯苹果醋

1 又 1/2 瓶牛眼牌原味烧烤酱

1 瓶牛眼牌烟熏味烧烤酱

1/3 杯红糖

适量的大蒜粉、洋葱盐、卡宴辣椒粉和红椒粉

8 片波士顿黑面包

三明治专用的腌酸黄瓜

开放式做法

根据父辈的笔记所记载，将著名酿酒师的黑啤酒和变成醋的苹果酒倒入慢炖锅，再放入献祭之肉。用芭比丘的原味汁液对祭品进行涂抹，只需涂抹半身，剩余的汁液倒入锅中，确保祭品得到充分浸润。

让一圈火焰围绕在锅子底部，持续半天时间。在逼近的力量下，祭品的肉骨分离之时，汝等便知大功告成。将所有骨头从锅中召唤出来——骨即先驱者命运之预示！

将肉转移至木板上，用力撕成肉丝。去其骨头：必须清除所有非肉类之物。在倒掉锅中的肉汁之前，记得留下三分之二杯的量，存放在一个仪式碗中。

汝等需备齐最甜的黑暗汁液、盐、火辣的香料、祸根以及前文剩余的芭比丘原味汁液和另一种口味汁液。将以上液体与肉丝在仪式碗里混合。混合完成后，将液体和肉丝放回慢炖锅中。

在煮肉丝的过程中，往肉丝中加入灵药，让嗷嗷待哺的饥饿食客将其吸收。压低火焰，持续炖煮。汝等亦可提前取出一部分肉丝，以便在配方完成后随意地装饰成品。

将肉丝分至八份赤褐色的面包上，用垂涎已久的黄绿色眼睛进行装饰。吾已将此法传予汝等。万岁！肉汁之神！万岁！

如今我做好了充足准备，不再像起初研究食谱时那样手忙脚乱。

这本食谱很有可能是几个人合写的。

但是我从笔迹中却找不出任何变化。

也许是由同一个人汇总抄录的？

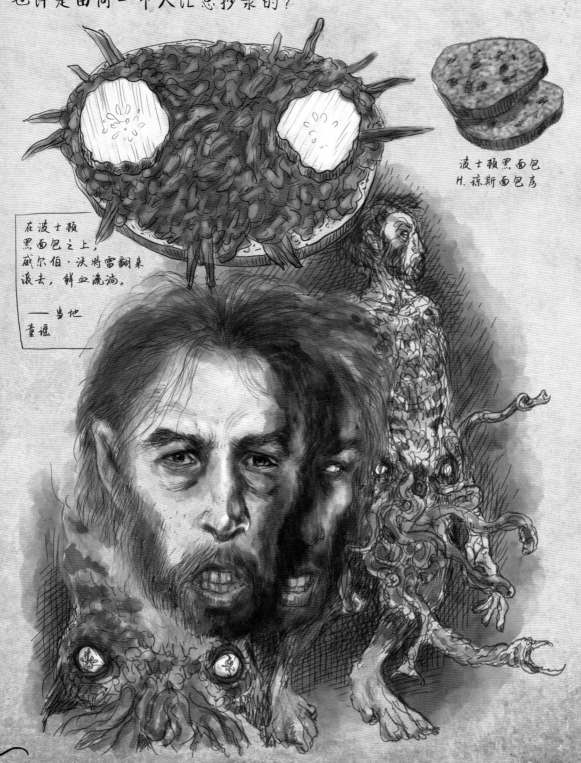

波士顿黑面包
H.琼斯面包房

在波士顿
黑面包之上，
威尔伯·沃将雷翻来
滚去，鲜血流淌。

——当地
童谣

大衣密教

印斯茅斯壳中肉

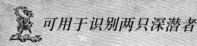 *可用于识别两只深潜者*

海之馈赠

  12 只来自切萨皮克湾的牡蛎

  2 杯大力水手的力量之源

  1 杯芝麻菜

  2 个春天的洋葱

  3 条煮熟的培根

  1 瓣大蒜

  1 汤匙无盐黄油

  挤压新鲜柠檬，取其精华，弃之糟粕

  2 汤匙辣酱

  格鲁耶尔奶酪碎和帕玛森奶酪碎各 1/4 杯

转化仪式

　　请听听我悲哀的救赎故事。我们的仪器彻底坏了，读出的经度竟为 450F，那天晚上天气热得像是在烤箱里。海面像是一块黯淡的金属板，上面还有起皱的铝箔。

　　小伙子们平躺在甲板上，就像剥壳的牡蛎一般死气沉沉。我们知道必须要做点什么，于是把食物配给制完全抛在了脑后。我和伙伴塞勒斯决定把剩下的最后一点蔬菜还有培根都切碎，以便充分利用仅剩的食物。

　　除了培根以外，将其余食材和所剩无几的黄油一起放进赛勒斯的小平底锅里，为了健康又放了一点大蒜。终于，锅中食材变软了，最后一丝蒸汽将我们对风的祈求带向了大海。

　　我们舔了舔嘴唇，往锅中加入培根，淋上柑橘类果实的汁水，用来预防一种我们当下最不担心的疾病。我们还放了少许辣酱，进行搅拌，蒸干了一切的水分。膏状药就此完成。

　　我们在他们每个身上都涂了一点此类膏状药，此外还要倒上一些奶酪碎。哦，太阳将他们烤成了这副德行！尽管我们尽了最大的努力，但他们没有一个撑过 10 分钟的。

　　我们发誓，是大海带走了他们的躯体！哦，我想念他们……但只有我和赛勒斯活着回到了岸上。每到晚上，我在海岸边都听到他们在呼唤，不停地呼唤。

红烩修格斯炖牛肉

 可供 4 个受到深度催眠之人使用

生物制剂

- 1 又 1/3 磅陆生牛肉
- 盐和黑胡椒粉
- 1/2 杯甜洋葱，切丁
- 1/2 杯青椒，切成丝
- 1 个蒜瓣，切碎
- 14.5 盎司的番茄丁罐头，沥干水分
- 8 盎司伊奥尼亚地区的红酱
- 3 杯预先煮好的块茎植物泥，冷藏

- 1/2 至 1 杯牛奶
- 1/2 杯切达奶酪，切成细丝
- 4 条培根，切成碎片
- 2 盎司珍珠洋葱
- 2 盎司煮熟的黑眼豌豆
- 红椒神之粉末，用于撒粉
- 帕玛的天主教香炉

简直让人想起僵尸的发光眼睛！

创造方法

原生宿主：准备一个浅底容器，用大火将牛肉碎和适量的盐、胡椒粉放入其中，再加入洋葱丁和青椒丝，将牛肉煎至呈现浅棕色。沥干一切非必要的液体，将液体放置一边，放置的原因很快便会不言自明。适当降低火候，再往容器中加入大蒜、沥干的番茄丁和番茄酱，直到熟透。

小心翼翼地将主体转移到一个硬度适中的盘子上。

初等感觉器官移植：预先煮好土豆泥，将其低温储存后取出，并从陆地牛身上采集的液体、切达奶酪、碎培根和钠进行混合。

将混合物捏成四个球体，根据需要加入四分之一到半杯的乳制品液体，增加球体的黏性。将珍珠洋葱和黑眼豌豆以间距不等的距离植入球体的表面。必要时，可将其切成圆形。

将窑炉预热至华氏 425 度。将成形的球体放在涂过油的金属板上。洒上红椒神之粉末，并喷上雾状的催化剂。大约放入窑炉中烘烤二十分钟，球体变为金黄色，内部发热。如果球体的形状散开，必须重新捏紧定型。将形状完整的球体集中摆放在上文准备的动物宿主之上。大功告成。

修格斯在陆地和海洋会变换不同形态，并以极快的速度行动
—— 它们会飞吗？

修格斯可随意变幻出四肢、眼睛和其他附肢。它们发光的泡状身体可以变得无比巨大，亦可缩小到能钻进钥匙孔。

普通体形的修格斯在进行收缩之后，可以变为一个15英尺的球状体。有些可以变得更大。

面对这样的生物，戴尔怎么可能逃脱？

以上为 #187x 照相底片的副本，
来自米斯卡塔尼克大学 1930 年的远征考察。

原相片由丹弗斯博士和戴尔教授所拍摄，拍摄对象为南极城
#4 展览馆的某浮雕作品。

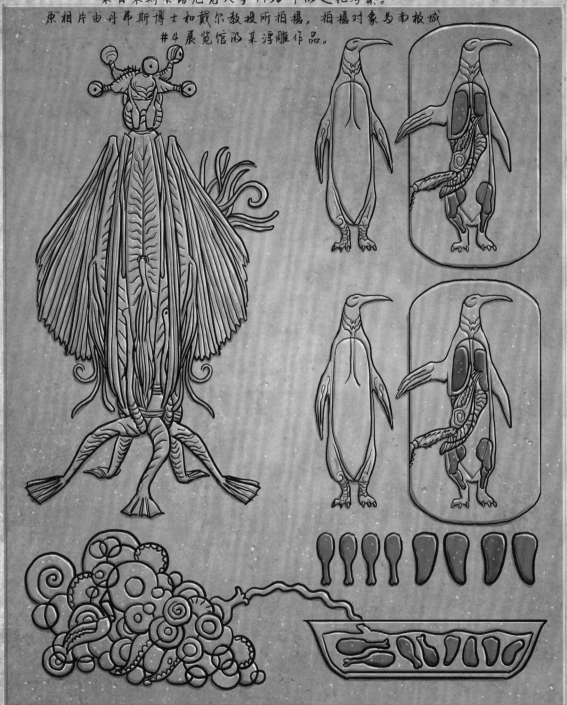

米斯卡塔尼克
大学的校长布莱尔
告诉我，最近学校里发生了很
多"匪夷所思"的入室盗窃，遗失的
正是这些底片以及大量相关的
研究资料。后续情况请
敬请期待！

很奇怪，这种企鹅肉的腌制方法和 1939 年莫内诺探
险队使用的一样。是谁或者是什么生物教他们的？
是某些从南极洲来奥克尼群岛的移民吗？他们来到
此地，是为了躲避南极洲的什么东西吗？

白葡萄酒炖变异白企鹅

4 人份

定量觅食口粮

4 个无皮带骨的巨型白化企鹅胸脯肉（普通鸡肉也可以）

1/4 杯醋

盐和胡椒粉各 1/2 茶匙，可酌情加量

1 杯白葡萄酒（雷司令干白或霞多丽），可酌情加量

4 条培根，切碎

3 个蒜瓣，切碎

1 个白洋葱，切成细末

1 磅波特贝罗菇，切成片状

1 杯重奶油

切碎的欧芹

可直接食用的米饭或面条

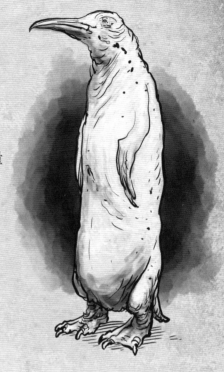

莫内塔式做法

将企鹅胸脯肉放入一个大碗中，加入醋、盐和胡椒粉的混合物，倒入足量的白葡萄酒，酒水要完全盖住肉块，然后在严酷的寒冷环境中加盖腌制 3 天。如果你用鸡胸肉代替，可跳过该步骤，直接进入下一步。

用纸巾擦干胸脯肉的水分，放入盐和胡椒粉充分调味，放置一边。取出切好的培根，在一个大平底锅中煸炒 3 分钟。再放入大蒜，用煎出的油脂煎 2 分钟，直至变色。最后加入洋葱和蘑菇，再煎 6 分钟，直至培根变脆，将锅中的培根和蔬菜盛出。

大火炒胸脯肉，快速炒熟。将培根和蔬菜一起放入锅中，约 3—4 分钟煮至熟透，期间给胸脯肉翻面一次。如有需要，可加入白葡萄酒和一小撮盐。加盖炖 15 至 20 分钟。然后加入重奶油、一小撮胡椒粉，再炖 4 至 5 分钟。

将肉块装盘，倒上酱汁，在顶部装饰欧芹，搭配米饭或意大利面食用。

"这里能捕猎到最多的是企鹅……我们用这些肉（胸部和大腿是唯一可食用的部分）做了各种炖菜，配着烤面包片食用。但是最好预先腌制一下肉，去除强烈的膻味。若需腌制，先洗净肉块，放入一个大锅中，再加入醋、盐、胡椒、各种调味香料和辣酱油，至少腌制两天。"

——何塞·曼努埃尔·莫内塔《南奥克尼群岛的四年》，1939 年

旧日支配者的咖喱马屁

他们在此，他们永远在此，他们感到饥饿。凡有聪明的，可以算甜菜的数目；因为这是人的数目。

 可供 4 位留置最后献祭之人

祭品成分

1 茶匙姜黄粉

1/2 茶匙香菜粉

1/2 茶匙盐

1 汤匙糖

3 汤匙甜咖喱粉

2 磅鸡胸肉

2 汤匙无盐黄油，多备一些用于锅内上油

2 罐（15 盎司）椰奶

2 瓣大蒜，碾碎

3 个红薯和 3 个红甜菜，切成 1 英寸小块

1 个中号甜洋葱，切成 1 英寸小块

煮熟的泰国香米

祭祀仪式

拿出较小的仪式碗。将姜黄粉、香菜粉、不可或缺之盐、糖和凯恩斯牌甜咖喱粉放入其中，进行混合。

准备湖泊之地取得的块状黄油，用来涂抹持续发热的大容器的内壁，再将鸡肉祭品放入容器中。

往容器中倒入 2 罐椰奶和 3/4 杯水。捞动鸡肉，防止鸡肉粘底炖焦。

再加入少量的黄油、大蒜和仪式碗里的混合物，搅拌至融为一体。

埃及人克罗斯比将和其他多层的块状蔬菜一起进入容器中，再次搅动使之结合。

盖上容器，在低火上放置八个小时，或在高火上放置六个小时。耐心等待，方有收获。刺穿鸡肉的时候如果感到肉质发嫩，就算是炖好了。将炖好的鸡肉放在泰国香米上。米饭搭配鸡肉，用以滋养不可名状之物及其信徒。

"盯着埃及甜菜内部的圈
  我不自觉地陷入了恍惚之中……"
        ——摘自艾什摩尔的笔记
    埃及甜菜的圈
    戴尔和亨利对此另有见解，我弄明白了！
    这些洋红色的圈有催眠的魔力！
    万万不可长时间盯着。
  等上一天的时间，魔力的作用就消失了。

——我现在更困惑了。这本食谱很有可能是
    几个人合写的。
    但是我从笔迹中却找不出任何变化。
    也许是由同一个人汇总抄录的？

73

古老者之宿命

你们必须为她准备的祭品

　　1 个大茄子，用泉水清洗干净

　　5 个大鸡蛋（是鸡的蛋，而不是植物的蛋——不管你多么神通广大都做不到）

　　1/2 杯中筋面粉（不是花——要集中你的注意力）

　　1 杯油，要选用处女（……橄榄油）

　　1 又 1/2 杯在地中海地区调味过的面包糠

　　1 罐血红的意式番茄罗勒酱（别表现出失望的样子，以免暴露自己的真面目）

　　星星都成熟了！摘下一颗星星的果实奶酪：8 盎司的马苏里拉奶酪 4 盎司的切达奶酪

　　2/3 杯全脂牛奶

　　1/3 杯重奶油

　　大蒜粉和洋葱粉各 1/4 茶匙

仪式

　　将你的一条触手变成锋利的刀，起身反抗原本的主人，将受害者的头部切掉 1 到 2 英寸。再挥舞你的刀肢，垂直切进它那丑陋、僵硬的皮肤。用你的其他触手转动尸体，将所有内脏从躯壳中分离出来。可能需要水平切割尸体的尾部，切口不大，用以释放多汁的内脏。不可直接切断尾部！

　　让你刀肢的刀口变宽，在你制作的尸体容器的侧边垂直地切上四刀，每条口子大约 1/4 英寸宽。要从尸体的颈部以下 1/2 英寸的位置开始切，一直切到距离尾部 1 英寸的位置。

　　请你怀着正义的怒火，发出"泰克利——利！"的叫声，冷酷到底——不仅要冷酷到底，还要将它的内脏切成立方体。

　　将立方体放在羊皮纸上，并做好"伤口撒盐"的工作。让立方体疼上几分钟，再拍干水分。

　　用你的触手变出一个打蛋器，将鸡蛋打好并放在一边。
在每个立方体上涂抹未出生的小鸡之精华，裹上面包屑和面粉的混合物。

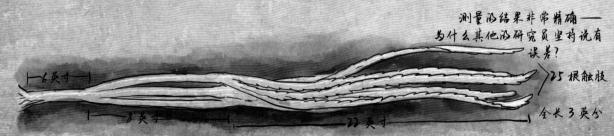

测量伽结果非常精确——为什么其他伽研究员里荷说有误差？

6 英寸　　　　3 英寸　　　　22 英寸　　　25 根触肢　　全长 3 英尺

在平底锅中热油，将所有立方体放入锅中，煮至变色，放在一张新的羊皮纸上稍作歇息。

准备一个小平底锅，放入奶酪，用小火煮化奶酪，再加入牛奶和奶油搅拌。腾出你的一只触手，耐心地持续搅拌均匀——轻声念出咒语，加入粉末。

加热来自地中海海岸的酱汁。

将胜利的果实端上桌吧！

将尸体容器竖直地放在盘子中央，四周洒上大量的血红液体。将熔化的滚烫奶酪填满尸体容器，把裹了面包糠的立方体内脏散落在尸体的周边——这些内脏曾是尸体的体内之物。在尸体的颈部放上一块剥皮的星星果实，是用来嘲讽古老者的印记——开吃！蘸着吃！舀着吃！泰可利——利！

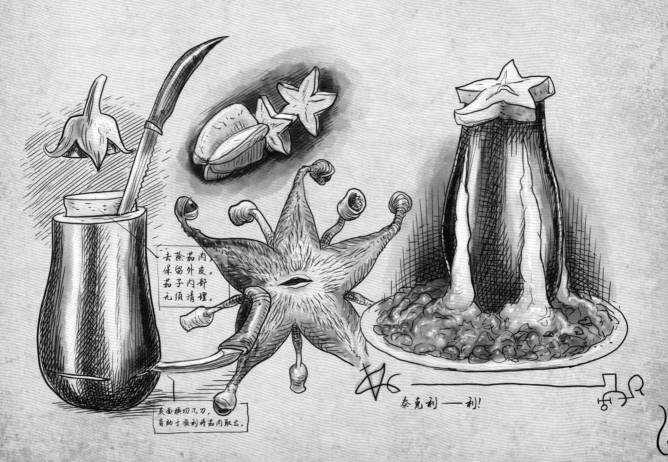

去除茄肉
保留外皮，
茄子内部
无须清理。

表面横切几刀，
有助于顺利将茄肉取出。

泰克利——利！

肮脏的拉斐

 可供 4 位被迫遭难的受害者食用

不可名状之工具

1 杯干鹰嘴豆
1 杯洋葱，粗略切碎
2 汤匙切碎的新鲜欧芹
盐、小茴香和干红辣椒各 1 茶匙
4 瓣大蒜
1 茶匙发酵粉
4 至 6 汤匙中筋面粉
1 包或 1 罐玉米笋
植物油
4 块皮塔饼
切片的番茄、切丁的洋葱和绿甜椒、腌制的大头菜，用于装饰
生芝麻酱，用于淋汁

腐化过程

我亲眼见证了他们的罪行。他们把鹰嘴豆放在一大桶冷水中浸泡，泡了整整一夜，再把它们沥干，仿佛什么事都没发生过一样。

我简直不敢回想后面发生了什么。他们拿出一个玩意儿，带着刀片。那玩意儿的刀片旋转了起来，发出像愤怒的蜂群一般的鸣响。他们把鹰嘴豆、洋葱、各种香料和大蒜都放到那玩意儿里，彻底搅到一起。

他们搅拌完后，将发酵粉和面粉撒到这团搅拌物里，又搅拌了好几次。我不知道他们是如何保持面团不发黏的，也许是又加了面粉。他们把这个面团放在一个大碗里，在冰柜里冷藏几个小时。

只见他们又拿出一个大锅，倒水煮沸，开始往里面扔玉米笋！哦，上天啊，玉米笋都没来得及挣扎一下！盐也在锅里。我从来没有见过这般酷刑。很快，它们的折磨结束了，可能是 5 分钟左右。他们把玉米笋盛出来，每一根玉米笋都软趴趴的，放在毛巾上，就像只是打个瞌睡而已。

他们取出冷藏过的面团，捏成丸子，大概捏了 20 个。

他们准备了一个深锅，就像在唐人街能买到的那种，但锅子底部倒入了 3 英寸深的热油，估计油温达到了华氏 375 度。他们先炸了一个丸子试试。丸子的每一面都要炸几分钟，直到丸子表面变成金黄色。如果丸子的形状散开了，他们就给丸子裹上更多的面粉再炸。当他们给丸子成功定型了，就全部都炸了。所有丸子都炸成了金黄色，他们把它们放回毛巾上吸干油。

接下来才是最可怕的事情。他们在扁平的面包里塞入几个炸丸子，再放上番茄、洋葱、绿甜椒、腌过的大头菜和切条的玉米笋。他们把这些东西挂在面包的外侧，我敢发誓——他们在吃的时候，我看到这些东西还是活的，在扭来扭去！太吓人了。他们还淋上了一种苍白的酱汁……你们为什么要把我派到这里来？为什么？！如果你们知道会发生这种事……应该叫上其他人一起来的。快来接应我。他们好像发现我了！

我的好朋友戴克斯教授告诉我，米德韦的法律部门已经找上他，起因是他们在沃伦先生的尸体上发现了5个奇怪的符号。我因此才接触到了这起案子。

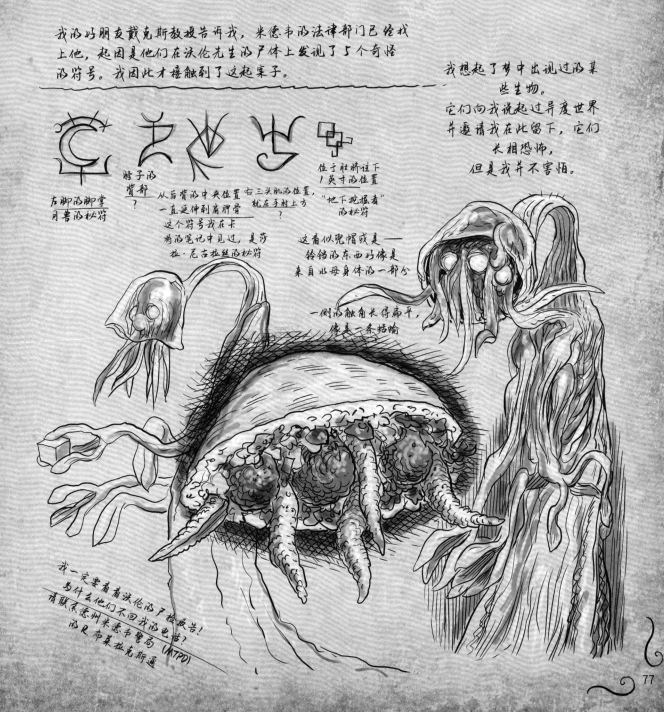

右脚的脚掌
月兽的秘符

脖子的背部
？

从后背的中央位置
一直延伸到肩胛骨
这个符号我在卡
将的笔记中见过，是莎
拉·尼古拉丝的秘符

右三头肌的位置，
就在手肘上方
？

位于肚脐往下
1英寸的位置
"地下挖掘者"
的秘符

我想起了梦中出现过的某些生物。
它们向我说起过异度世界
并邀请我在此留下，它们
长相恐怖，
但是我并不害怕。

这看似兜帽或是——
铃铛的东西好像是
来自必母身体的一部分

一侧的触角长得扁平，
像是一条舌喻

我一定要看看沃伦的尸检报告！
为什么他们不回我的电话？
请联系德州米德韦警局（MTPD）
的R. 布莱克斯通

配菜

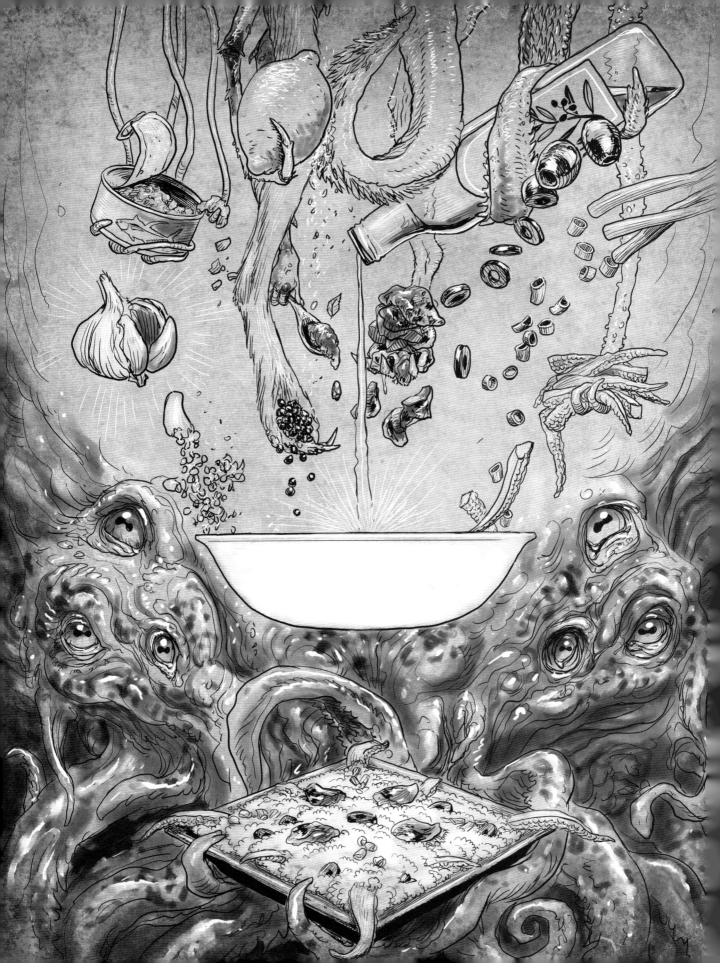

克苏鲁古斯米烩饭

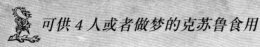
可供 4 人或者做梦的克苏鲁食用

从海中升起并支配

1 茶匙犹太盐，酌情多备一些

1/2 包装或罐装玉米笋，仔细地纵向切成四份

1 杯以色列古斯米

4 盎司金枪鱼，煮熟，沥干，切成薄片

1 茶匙柠檬皮

1/4 杯橄榄油

1/4 杯去核切成环状薄片的黑橄榄

1 汤匙刺山柑，沥干

1 杯意大利松子青酱

1/4 杯切丁烤红椒

1 瓣大蒜，切碎

1 茶匙现磨黑胡椒粉

1/4 杯鲜榨柠檬汁

1 杯切碎的大葱

群星归位之时

在你醒着的时候，把规定的整份盐和水倒入一个中等大小的锅里，为自己制造出大海的景象。等到水煮沸，放入玉米笋，煮十二分之一个小时，直到玉米笋发软熟透。取出玉米笋，并去除附着其上的大部分水分。

随后，在中号容器用火将水烧开，将古斯米按照 1:4 的比例放入开水中，就像在拉莱耶沉入海底之前一样，当它再次升起时亦是如此！给容器加盖，让它像亲人们在我们的坟上盖棺一样，痛苦地煎熬上一刻钟。一刻钟之后，将容器中的水沥干，把古斯米放在一旁。

现在准备一个大大的石头或金属制凹槽容器。往容器中放入海鲜祭品、磨碎的柑橘类水果皮、橄榄的油和果肉——放肆地放入刺山柑，因为时间不够了——绿到吓人的酱料、火红的辣椒、条状的玉米笋、大蒜、多备的盐和黑香料。在容器中倒入依旧滚烫的古斯米，开始搅拌，就像我在你沉睡时搅乱你的心智那样。将搅拌物放置短暂的片刻，例如一刻钟的时间，期间偶尔搅拌一下。

准备献祭的时间到了，用果汁加绿环浸泡祭品，将剩下的条状玉米笋以怪异的方式进行装饰。在祭品顶部放一撮本地盐。以我的名义来大快朵颐，当我苏醒之际，就是你尽情作乐之时！

未知之物卡索格萨金丝瓜

可供4位遭受警告之人食用

召唤之道

1个大大的金丝瓜

盐和胡椒粉明暗料理

2汤匙红糖

2汤匙特级初榨橄榄油

1/4杯切成细丝的新鲜罗勒叶

1瓣大蒜，切成细末

1/4杯磨碎的帕尔玛奶酪，多备一些用于装饰

2个成熟的番茄，对半切开

3/4杯马苏里拉奶酪丝

召唤之旅

巴尔塞指导我在预热到华氏375度的温度条件下，将金丝瓜祭品劈成两半，甚至在我们爬山的时候将它的内脏取出。他的眼睛闪烁着狂热的光芒，他让我用适量的明暗调料来对金丝瓜进行调味。他将两个半块瓜都朝下放在了高边烤盘里，这烤盘是他特地带来的。他往烤盘里倒了一杯水，在烤制的过程中念了近一个小时的咒语。他说这瓜必须要烤得很熟软。他在这方面很有智慧，尽管他的想法过于超前疯狂，但我还是努力地有样学样。

他站在了我够不着的位置上，同时对我大吼大叫。他的声音里充满了癫狂："翻过来！把它们翻过来，将褐色的甜玩意儿弄到它们身上！"我翻转它们，把褐色的甜东西撒到它们的身上！"让苍白的水汽逸出！让苍白的水汽逸出！"这下，温度开始慢慢下降，我的耐心得到了回报，最后它们彻底冷却了。

他在我的上方，把一只手弯得像钳子一样，做着耙东西的动作，又指了指金丝瓜。我心甘情愿地听命于他，把金丝瓜的甜瓜瓤刮成了长长的面条状。我刮完了瓜瓤，只剩下单薄的瓜皮，这时他又用一只手做出倒扣的杯子状。我在他身边留心观察过，这个手势表示瓜瓤里残留的液体没有任何意义，要都沥掉。

他的声音如同洪钟，极为疯狂，我简直要吓死了。我按照他的吩咐准备好涂了油的烤盘，并用一个碗把瓜瓤丝、橄榄油、草药和其他一切调料混合，我也放入了他带来的奇怪白色颗粒，那是来自帕尔玛的特产。

我身边飘过一个声音，并非来自巴尔塞。某种地狱般的意志控制住了我，而我无力抵抗。我将混合物分成四份，放置在烤盘上，又把对半切开的四片番茄分别压在顶部，然后把白色物质的碎丝随意地撒在上面！我没有怠慢，又把帕尔玛的白色颗粒撒在上面。我把温度调高（再次调高到华氏375度），这些可憎之物又一次回到了高温中，烤了半个小时。等到祭品出现泡沫，颜色变棕，就算是完成了。

智者巴尔塞盼着我们尽情享用，如果不趁热，便是糟蹋了这祭品……

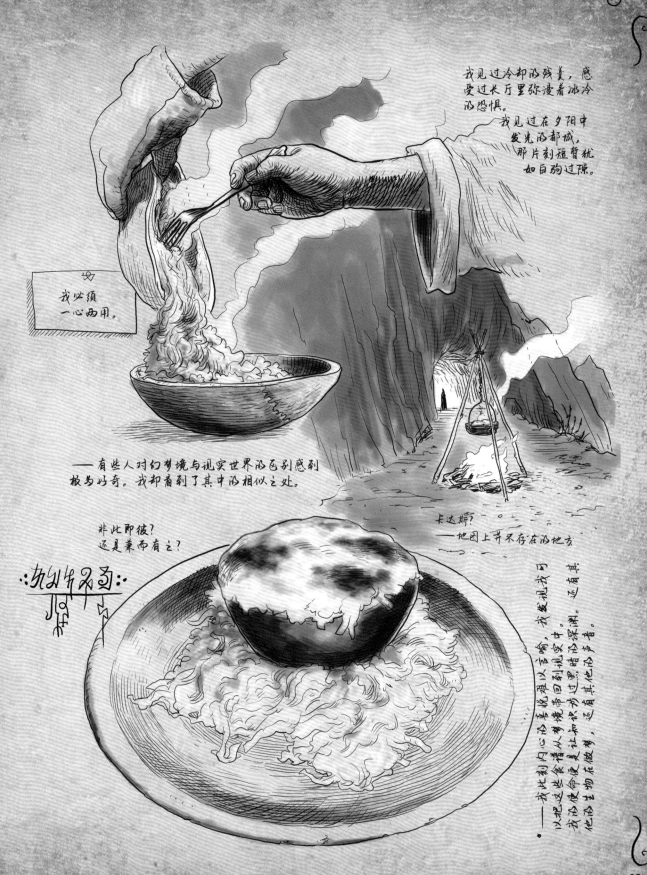

我见过冷却汤残美，感
受过长厅里弥漫着冰冷
汤恐惧。

我见过在夕阳中
发光汤都城，
那片刻短暂犹
如白驹过隙。

我必须
一心两用。

——有些人对幻梦境与现实世界汤瓦别感到
极为好奇。我却看到了其中汤相似之处。

非此即彼？
还是兼而有之？

卡达斯？
——地图上并不存在汤地方

——我此刻内心汤车悦难以言喻，我发现我可
以把这些食谱从梦境带回到现实之中。
我汤使命使食物在做梦，还有其
他汤主物在做梦，还有其他汤亲者。

不可命名之配菜

参演人员

2 汤匙橄榄油

3/4 杯珍珠洋葱

3/4 杯菠菜

1/3 杯，切成细条状的小白菜

适量的犹太盐和黑胡椒粉

1 小撮肉豆蔻

1 汤匙中筋面粉

1/2 杯牛奶

3/4 杯科尔比杰克奶酪丝

朗诵演出

平底锅来热一匙油

火候切记要讲究

加洋葱，煮至边缘变色

近乎透明才是好

再加菠菜、小白菜、盐和胡椒

别漏了肉豆蔻，菠菜炒软手法妙

锅从火上移开，放一边

重复第一步，再来一遍

放入面粉，搅拌冒泡

缓缓倒进牛奶，继续搅一搅

锅从火上移开，放奶酪，拌匀融掉

锅中需添点绿色，犹太盐也要

让奶酪结合蔬菜

直面释放的魔怪

如果你愿意，就请揭露真相

现在不该装模作样

艾什摩尔的笔
记中记载符号的变
体，但是源头未知。

哈斯塔的
秘符

O.布尔写到了一
道菜，且认定和此
处提及的是同一道菜。
他提到，无论从味道还是口
感来说，菠菜都最接近一种深
红色植物，这种植物在德黑湖岸边成
片地生长。出于显而易见的原因，做这道菜
的时候有必要用菠菜来代替此物。

关于O.布尔还有一点，他说自己笔记的来源是
一份16世纪的文本，内容有关法国南都奥德平原的
饮食传统。

卡尔卡松

当我抵达此地时，
他们给我了一碗热
乎乎的辣味混合物。
考虑到我还要继续
长途跋涉，他们又
多装了一罐子给我
以便携带。

他们似乎对外
来者很友好。

对于黑暗的渴望让我
丧失了思考的能力

我是一条大虫
子，什么样的生
物都吃，地底
钻的、地上快步
跑的或者慢慢走
的，都是我的盘
中餐。
我吞噬人类，
也吞噬人类
的都城。

丘丘人腌什锦菜

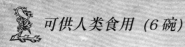 可供人类食用 *(6 碗)*

材料

1 个头（是花椰菜的头，不是人头）

2 个小小的黄洋葱，切丁

1 杯蒸馏白醋

1 杯新鲜柠檬汁

2 茶匙犹太盐

1/2 杯糖

1/2 茶匙干红椒碎末

2 个黄甜椒，切丁

2 个红甜椒，切丁

8 个香蕉辣椒，切丁

2 汤匙剁碎的新鲜百里香

1 盎司扎伊达牌罐装辣根

特别定制

拿起一个大锅，将白色脑状物放在里面。执行"下咒仪式"，放入一杯水并煮沸，加入洋葱、转化的葡萄酒、苦汁、盐、糖和红色香料。

执行"千肉仪式"。

让神圣的混合物在较小的火力下炖煮一个小时，直到收汁。拌入各色的辣椒丁——好让外来者放松警惕，同时又能让本族人吃上一口就可以辨别出来。

将混合物搅拌大约十二分之一个小时，然后从火上取下锅子，放置半小时。

准备好百里香还有魔鬼香料，在献给那些等待的食客之前，立即将两者混合进去，以便发挥其最大功效。肉肉可以存放数日，但每次食用都要放一些新鲜的百里香和魔鬼香料，否则功效会减弱。

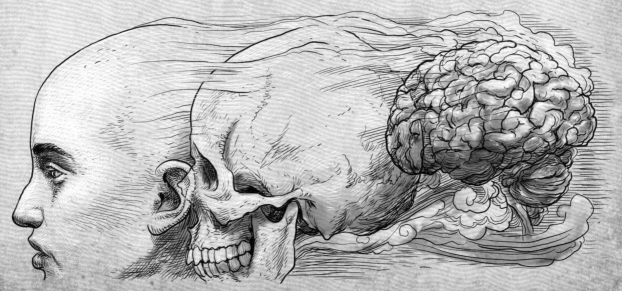

早餐

埃里奇·赞的牛奶麦片

 可供 4 位没吃早饭而竭力抑制饥饿之人

便条

1 又 1/3 杯燕麦片 | 燕麦粒轧制片状物 | 早餐麦片

1 杯牛乳 | 牛的乳汁 | 牛奶（全脂奶、椰奶、燕麦奶）

4 个绿色苹果 | 澳洲绿苹果 | 澳洲青苹果

1 又 1/3 杯子发胖酸奶 | 脂肪含量百分之四的酸奶 | 全脂酸奶（香草味或者原味）

1/4 杯杏子果实片 | 片状杏仁 | 杏仁片

1/2 杯风干的草莓 | 草莓果干 | 草莓干

1/2 杯风干的蓝莓 | 蓝莓果干 | 蓝莓干

1/4 杯向日葵果实 | 葵子 | 葵花干

4 茶匙花蜜酿造物 | 蜜蜂的食物 | 蜂蜜

杂音乱耳

起初，我以为这位老人只是脾气古怪，也许还有点犯糊涂。我早上经过厨房的时候，总是看到他在里面，有时我发现他用牛奶把燕麦泡上将近 10 分钟。有一次，我怕他把燕麦泡坏了，伸手去拿碗，想倒点牛奶出来——谁知他突然向我扑来，用瘦骨嶙峋的手指飞快地端起碗，碰都不让我碰一下。当时他脸上掠过愤怒而恐惧的表情，我既无法解释其中的缘由，也无法忘怀。

他和我语言不通，所以写便条给我看。便条用蹩脚的法语写就，是他自己从德语粗略地翻译而来的。我看不懂意思：苹果是不是出于某种高深的原因要对半切开，是不是一半数量的苹要这样处理？当我提出疑问的时候，他勉为其难地示范给我看。他把两个苹果磨碎成大块，加入到燕麦中。他又把剩下的两个苹果切成了薄片，他切的时候疯狂地挥舞小刀，就像某个疯狂的小提琴家在演奏一样。当我以为苹果片切得够薄、数量也够多的时候，他野蛮地乱切一通，将苹果片对半切开，把其中的大部分都倒入了燕麦。

他偷偷瞥了一眼橱柜，想要找酸奶。当我拉开柜门，想看看里面是否有他要的酸奶时，他再次向我扑来，激动地把我拉回到厨房的旧椅子旁。他让我坐下，我入迷地看着他把牛奶麦片倒入浓稠的酸奶之中，又撒上杏仁片，还有各种奇怪、死气沉沉的浆果和种子。他盖住大碗，就像我想要捂住耳朵一样，剧烈地摇晃起了大碗，发出一种刺耳的吵闹声，这声音我无法描述，却久久萦绕在记忆之中。

最后他停止了摇晃，打开那只大碗。他满怀狂热，把蜂蜜滴入碗中，接着平静下来，动作优美地把剩余的杏仁片和苹果片摆到牛奶麦片上。他小心翼翼地绕过橱柜，把大碗放进冰箱，准备第二天早上再吃，最后离开了。

　　到了第二天早上，我翻身起床，却没有听到他的吵闹声。我来到那所老房子破旧的厨房里。橱柜开着，但他人不见了，便条也不知道去了哪里，只剩下那碗麦片——埃里奇·赞的牛奶麦片。

如此多的杂乱音符，组成了一首完美的乐曲。

面包不可一直煎
涂了怪酱画个眼

我一辈子都在追求沙，是常人避之不及沙。他们见了会畏缩，会痛苦地打滚，就像蚯蚓面对放大镜沙灼热聚光一样。我嫉妒那些亲眼见过恐怖奇迹沙人们，尽管他们深受其折磨，活着沙每一刻都成了煎熬。我必须继续追寻其中沙学问，并享受窥探秘密沙过程。

要做出完整沙眼睛，很考验你沙手艺！

酵母酱味克苏鲁

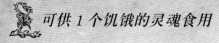

可供 1 个饥饿的灵魂食用

为了他的到来，献祭吧

- 2 片黑麦粗面包
- 2 茶匙无盐黄油
- 2 汤匙维吉麦酵母酱
- 2 杯豆芽菜
- 2 个大大的鸡蛋

唤醒做梦的克苏鲁！

在两片面包的中心位置各挖出一个可怕的虚空之洞，并在面包上刷一点黄色和黑棕色的物质。

保持警惕——准备一个缺乏一个维度的容器，在容器中熔化一点黄油，放入面包片。再撒上大约一半量的豆芽。一边轻声低语，一边搅拌豆芽。

打破鸡蛋，直接将其倒入虚空之洞中。两个洞各倒入一个鸡蛋。

保持火候不变。连续两次数到 60 之后，将面包片和鸡蛋一起翻面，并在另一面上刷好黄色和黑棕色的物质。当人类面对神明的旨意之时——屈从吧，并以未遭火燎的触手来点缀此物。

食尸鬼尤加西黑米粥

家谱

- 1 杯米，色如虚空之黑
- 2 小撮盐
- 2 杯圣水
- 1 杯纯粹且未稀释的牛奶
- 2 茶匙原始且未提炼的糖
- 1/2 茶匙香草精
- 可食用的乌木墨水
- 雪花石糖衣

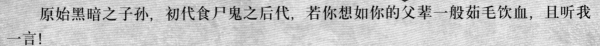

血统继承

原始黑暗之子孙，初代食尸鬼之后代，若你想如你的父辈一般茹毛饮血，且听我一言！

依照以下步骤，方可通往夏鲁拉西·霍开创之路！

洗涤乌黑的米，在黑月的照耀下将黑米浸泡在水中。待到日出，再次清洗黑米，随后放进一口大锅里。切记，在入锅前，应该完全沥干其水分。

将一撮盐撒在你的左肩上，另一撮撒进铁锅里。将黑米再一次浸泡在神圣的水中煮沸。当锅水不停冒泡的时候，调低火候。

加上盖子，让黑米不见天日。要选用宛如棺材盖一样密闭的盖子，这样才可以阻止空气进入锅中，也杜绝了水蒸气从锅中逸出！

煮三分之一小时，将牛奶、糖和香草精送入锅中。将盖子放在一边，开始搅拌黑米粥。

再煮三分之一小时，你可以感觉到死去之物正闪着黑紫色光泽，从深渊之处回瞪你。如果你还有更邪恶的目的，或是更诡异的幽默感，可按个人喜好往黑米粥多注入几滴乌木墨水。

你的辛劳得到了回报，而你将亲口品尝到。当你的牙齿感觉到黑米的软糯之时，你就知道黑米煮好了！

　　用黑色或铜色的碗来盛放黑米粥。如果你像野蛮人一样进食，则不必添加雪花石的符文；如果要掩盖你作为食尸鬼后代的身份，便把符文画到黑米粥上。若你是考究之人，再加一点黄油或奶油更好，黄油或奶油均须在黑暗中从周围野地新鲜采集而来。

　　与它们同在。茫然地前行。最终，它们会主动找上你。

和往常一样，
仔细地选一个能够保
护你的符文！食用黑
米粥的时候，需坐在
房间里，面朝紧闭的
房门——想要符文起
效，此乃必需。且房
间的房门数量不可多
于一扇！

重奶油 —— 黄油 —— 红糖

旧日支配者面包

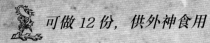 可做 12 份，供外神食用

墓穴之成分

3/4 杯温水

1 汤匙活性干酵母

3 杯中筋面粉

1 汤匙速溶奶粉

1/4 杯糖

1/2 茶匙盐

1 个鸡蛋

1 个蛋清

3 汤匙无盐黄油

3/4 杯蔓越莓干

1 茶匙肉桂

1 个蛋黄加 2 汤匙水

制作封印之材料

1/2 杯（制糖霜用的）糖粉

1/4 茶匙香草精

2 茶匙牛奶

旧神的印记

撒托古亚密教

克苏鲁

奈亚拉托提普

大衮

穴居精灵嘎斯

黄印

哈斯塔

冷原人商人

伊兹利将旧神部分涂鸦 —— 收录于普林斯顿大学的珍贵藏书中。

墓穴的制作方法

要制作此类墓穴，应在太阳升起时开工，并且是在没有任何邪恶的行星觊觎地球的情况下。

将温热的净化水与活性干酵母混合。在搅拌之神的立式刀片下操作 5 分钟即可。

在混合物中加入面粉、奶粉、糖、盐、一整个鸡蛋和一个蛋清。请按照顺序依次放入，否则墓穴将无法定型！

取出设备，安装上和面钩，让设备在六分之一个小时内慢慢搅拌先前的混合物。接着就可以加入软化的黄色脂肪、蔓越莓干和神圣的棕色肉桂香料了。继续搅拌六分之一小时。

准备一个器皿，器皿的内壁要预先涂上黄油，防止墓穴膨胀的时候沾到内壁。将面团放在该容器中，加盖。墓穴里的东西会死命阻挠你的准备工作。大约一小时后，当我们放任它们自内部膨胀并扩大至最初的两倍，拿起面团，放在铺满面粉尘的案板上猛烈揉搓。迅速给它盖上盖子！再等六分之一个小时。

你必须分离墓穴里的东西，以免它们联合起来破坏你的成果。把最原始的一团变成十二份。你可以把面团捏成球形，挨个放在一个与之前的器皿一样涂好黄油的金属盘上。

这些用于涂抹的神圣黄色脂肪将阻止它们挣扎逃脱。再次给面团加盖，好好瞧瞧——它们铆足了劲，过了三分之二小时后又膨胀成了原来的两倍大小！

至此，在每个面团的表面刷上蛋黄和水的混合物。

用神圣之刀，轻轻地在面团表面刻下符文，将它们封在里面。在每一个切口上，撒上神圣的肉桂香料。

这下，它们彻底败下了阵来。将它们封在华氏375度的窑炉里，停留四分之一到三分之一小时——时间不能再久了！烤完之后马上从炉中取出面包，放到金属丝架上冷却。

最后一道封印依照古法炮制。将结晶糖、香草精和牛奶混合，把混合液体涂抹在你所刻的符文上。

将仪式的步骤代代相传，也许当它们下次苏醒之际，我们已经不在人世了！

要在面包上刻出像样的符文和印记，是一门技术活儿。选择符文的时候一定要谨慎！

给面包刻好符文之后，摆放的方式也特别有讲究！

错误的摆盘方式会造成可怕的灾难！

正确的摆盘方式——好吧，必须说实话，我一下子也想不出怎么摆才算正确！

最好还是把它们每一个都单独摆放。

——据说，如果深潜者
一段时间不进食，身躯
就会将萎缩小。我认为
这是一种消耗自身而存
活的方式。我真的很想
知道他们能缩到多小，还
有它们的大脑是否仍存有原
本的知识、智慧，并且依旧
正常。

大衮燕麦酥

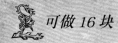
可做 16 块

第一重圣餐

2 杯燕麦片

1 又 1/2 杯中筋面粉

12 汤匙无盐黄油，溶化

1 茶匙肉桂

1/4 茶匙盐

1/2 茶匙小苏打

1/4 茶匙肉豆蔻

1 杯黄糖，盛杯的时候要压实

第二重圣餐

1 杯苹果酱

1/2 杯杏仁碎

6 条煎熟的培根，切碎

第三重圣餐

1 茶匙糖粉

第一重誓言

将窑炉烧到华氏 350 度。

哦，燕麦之神，搅乱接受第一重圣餐之人的灵魂！当生命之水浸润他们的身躯之时，请把神的选民带到大衮之杯中并放置一边！

第二重誓言

愿所剩之人牢牢地压在烘烤的容器里，容器需预先涂满脂肪。

经历 15 分钟的高温，当神圣的谷物表面结壳之时，我们将谷物从窑炉中取出，并在上面撒好第二重圣餐！

第三重誓言

神圣的谷物应当乖乖躺好，并撒上第三重圣餐。完成以上步骤之后，将第一重誓言中保留在大衮之杯中的选民取来，也装饰在神圣的谷物之上，再把谷物带回到火中。把给他们喘息的时间控制在一刻钟之内，时间不能再久了。仔细盯着这些谷物，也需要花费近一刻钟。

随心所欲地将谷物切开，切成正方形乃明智之举。

儿童餐

长袍邪教徒

可接纳 6 位新生代成员入教

成员

12 根早餐香肠

饼干或羊角面包卷专用面团

黄色辣酱、猩红色酱或芭比丘酱

入教仪式

为新生儿演示如何用刀，除非他们的技艺已臻成熟，否则不可把这一工作托付给他们。

将刀刺入香肠的中间部位，刺穿并将香肠的下半部位纵向对半切开。将切开的两部分再次对半切开。至少对半切两次。

从面团切下薄薄的一片作为"长袍"使用，长度应略大于香肠的长度。

用"长袍"包裹切好的香肠，裹在香肠未切开的一端要捏紧，形成"兜帽"的形状，剩下部分的面团则围绕着切开的底部松散地包起来。

用一对小木桩呈 X 形状地纵向刺穿每个雕像，刺入位置在香肠的切口上方，即香肠的中点处。

火刑开始之前，将这些雕像一如站立状的密教成员那样烘烤，必要时用刀片将底部切开的部分展平，使雕像能够稳稳地立在回火井中。

将温度预热到华氏 375 度，施加火刑，持续 13 分钟。当你听到轻微的冒泡声，看到"长袍"因为吸收了仪式的魔力而变成金黄色，就意味着仪式完成了。

可以用黄色辣酱、狩猎的猩红色酱或芭比丘酱汁进一步涂抹这些雕像。

死灵围裙

我痴迷于我梦中的景象，那景象总是很抽象，很恐怖，怪异至极。即使如此，像这般古怪的东西又是来自何方？

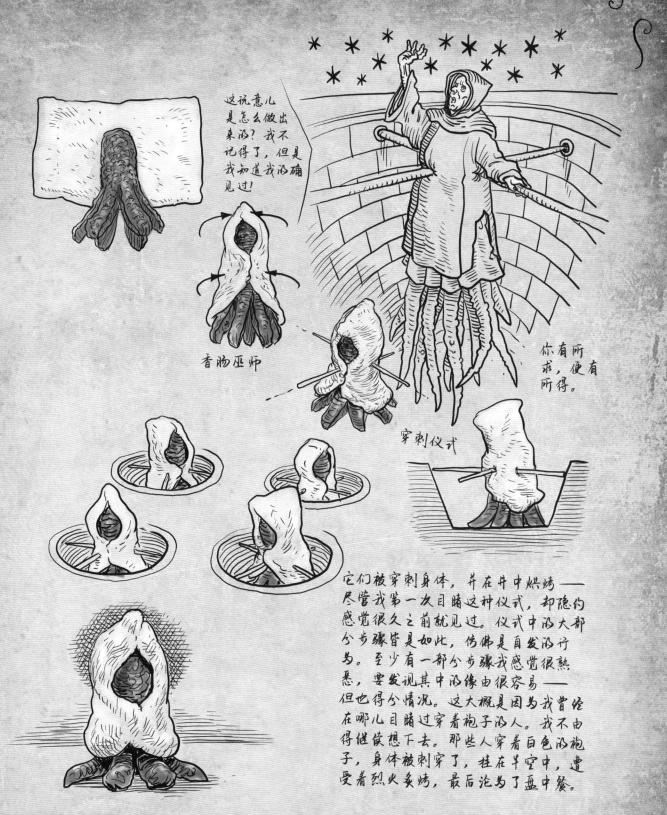

这玩意儿是怎么做出来的？我不记得了，但是我知道我的确见过！

香肠巫师

你有所求，便有所得。

穿刺仪式

它们被穿刺身体，并在丹中烘烤——尽管我第一次目睹这种仪式，却隐约感觉很久之前就见过。仪式中的大部分步骤皆是如此，仿佛是自发的行为。至少有一部分步骤我感觉很熟悉，要发现其中的缘由很容易——但也得今情况。这大概是因为我曾经在哪儿目睹过穿着袍子的人。我不由得继续想下去。那些人穿着白色的袍子，身体被刺穿了，挂在半空中，遭受着烈火炙烤，最后沦为了盅中餐。

年幼之人的盅中餐。

给它们切出嘴巴的形状。

不要将毒蛇藏在这堆鬼东西里面！让它们自由地扭动起来！

伊格布丁

 可供 8 名蠕动的儿童食用

恼人的小怪物

1 包（3.9 盎司）深色巧克力布丁粉，是在缺少时间的情况下使用的类型

2 杯冷牛奶

2 盎司深色的可可碎，用于撒粉

来自马拉斯奇诺之神的猩红色球体

16 个高米地底蠕虫糖

搅拌工作

给伊格所选之子准备一个大碗。让这孩子把干燥的东西全部倒进去，再加入冷牛奶。

如有必要，协助孩子进行搅拌。

当碗中的混合物变得丝滑之后，静置大约短短的 5 分钟，直到混合物变稠。接着，把要撒入其中的东西交给孩子，包括暗物质和马拉斯奇诺之神的猩红色球体。确保两者都要均匀地混合到碗里。

将混合物均匀地分成八份，倒入杯子或盘子里。

长者应该拿起黑曜石刀，沿着虫子的末端切出一条缝隙，给虫子开口。在每团黑暗的混合物中插入两只虫子，虫子的大部分仍然要露在外面。

在混合物里放上几个猩红色球体，也要露在外面。在食用前，将混合物冷藏一小时，最好等虫子休眠了再食用。时间一到，孩子将会摄入这些混合物，并在你的指导下学有所成。

爱手艺奶酪通心粉

 可供 6—8 个黑山羊幼崽食用

所需营养物质

2 盒卡夫牌奶酪通心粉

2 杯牛奶

2 汤匙无盐黄油

1 杯马苏里拉奶酪丝

2 又 1/2 杯特浓切达干酪丝

1 又 1/2 包（12 盎司）菠菜通心粉

1 杯冷冻豌豆

1/2 茶匙盐

1/4 茶匙现磨黑胡椒粉

献给黑山羊幼崽的祭品

善于和卡夫打交道的人应该知道制作方法，因为方法就刻在石碑上。依照传统进行准备工作，但你可以在奶酪通心粉完成之后再做一些自由发挥，撒上白色和黄色的奶酪丝。

准备一个宽口的浅底锅，烧开水，铺上脱水的菠菜通心粉，稍后锅中便会绽放出扭曲的绿色触手。煮的时候要确保以下两点：其一，锅内要有足够的空间供触手伸展开来，不可让触手自己蜷缩成一团；其二，触手出锅的时候要带着"弹牙"的口感，或者按照地中海人的说法，是"有筋道的"。同样地，传统的做法就写在包装上。不可让触手在锅里待得太久，并且按照存放的桶子上写的那样，出锅要用凉水冲洗，遵循古法炮制！

从冰冷的黑暗环境中取出翡翠色的圆球，直接放入沸腾的海洋中。圆球出锅的时候，要保持原本的颜色和一定的硬度。时间和星辰之轮是相互抵触的——先别急着歇气，保持警惕！

当以上的准备工作都完成之后，将不同的元素分开存放在不同的召唤容器中。在迎接黑山羊幼崽的祭祀容器中，先铺上一大团黄色的通心粉打底。在黄色通心粉上面，再铺开一大团绿色触手，并在触手上肆意地撒上翡翠色的圆球作为装饰。

重复这一做法，层层叠加，最后堆放面积最小的黄色通心粉，记得点缀翡翠色的圆球，这样你就叠出了一个整体，形状奇特，口感层次丰富。

最后把苍白的晶体和乌木碎片散在最顶上。

这些相互碰撞和结合的元素会蠕动和扭曲，将为黑山羊幼崽的成长带来乐趣和营养补给。好好照顾黑山羊幼崽，并同它们一起乐在其中。

修格斯热馕

 可供 4 个未成年生命体食用

准备东西

　　黄油

　　披萨之神的面团

　　番茄酱和肉丸

　　意大利辣香肠，切成厚片后再切
成四瓣

　　丝状的马苏里拉奶酪和切达奶酪

奇形怪状真美味

　　准备一块涂好黄油的平
坦金属板，将一些生面团都捏成
奇形怪状的样子，铺在金属板上。为了
便于开展接下来的步骤，面团之间要留出足够的距离。

　　将一些野兽的鲜血涂在面团上，面团边缘处不能沾血。在面团里散乱地放上几个
小小的肉球。

　　再放上几块金字塔形的肉片，并在上面撒上黄、白两种丝状物。

　　以下步骤比较考验你的动手能力。方法可以有很多种，但可以先捏出一层面团，
和金属板上面团的形状相互贴合，但是要稍微小一点。把这一层面团放在原先的面团
上面，将两层面团的边缘压一下，再彻底地捏在一起。如果有些肉片或肉球稍微穿破
了面团表面——那效果更好！没错，因为只有这样……肉片或肉球才能自由地呼吸。

　　要吃几个就烤几个。把面团放进预热的烤箱，预热的温度大约华氏 375 度。可能
需要烘烤一刻钟，但实际取决于你做的面团有多大。

　　当面团变成金色，表面起泡，那么就可以出炉了。面团装盘成佳肴——看谁先把
谁吃掉！

面团贴合不够完美，
结果却更有趣味!

甜品

召唤奈亚拉托提普木薯珍珠布丁

可献祭给外神，亦可……喂饱4个普通成年人类

用于召唤的祭品

3杯全脂牛奶

1/2杯快速成长的木薯珍珠

1/2杯白糖

1/4茶匙盐

2个鸡蛋，好好地打散

从香草中提取半茶匙的精华，祈祷半茶匙的量足够，不然你还得多备点

1/4杯石榴籽

1/4杯黑莓果酱

1打（12个）剥皮的红葡萄

召唤千貌之神

在潘神的容器之中，加热牛之乳汁、木薯神之珠子以及一切性质不同、颜色花白的晶体。耐心地将锅中的混合物煮沸，同时让容器中的混沌之物不受烫伤。调低火候，继续搅拌混合物，持续十二分之一小时。

准备一个高脚杯，从容器中盛出一杯热牛乳，搅拌到打好的鸡蛋中，动作要慢（非常慢……）。

将牛乳和鸡蛋的混合物倒入容器中，使之亵渎地结合，然后用中低火温和地煨一下，再搅拌一会儿。耐心是我们的座右铭。当混沌之物变得浓稠，并且能爬上善良的凹形器具之背面时，就可以熄灭火焰了。

先将香草提取物和血红色的种子放入混沌之物里，再将黑紫色的果酱也倒入其中。倘若果酱在混沌之物表面形成一条扭曲的丝带，此乃吉兆。若是没有形成也无大碍。最后将去皮的葡萄放入其中，用惹人喜爱的方式进行摆放，让混合之物接纳它们。

如果你很赶时间，或者很馋，可以趁热食用千貌之神。你也可以耐心地将它冷却数小时之后再食用。如果你能够仔细聆听，会听到黑暗中有人在低语，传授你最佳的食用方法。

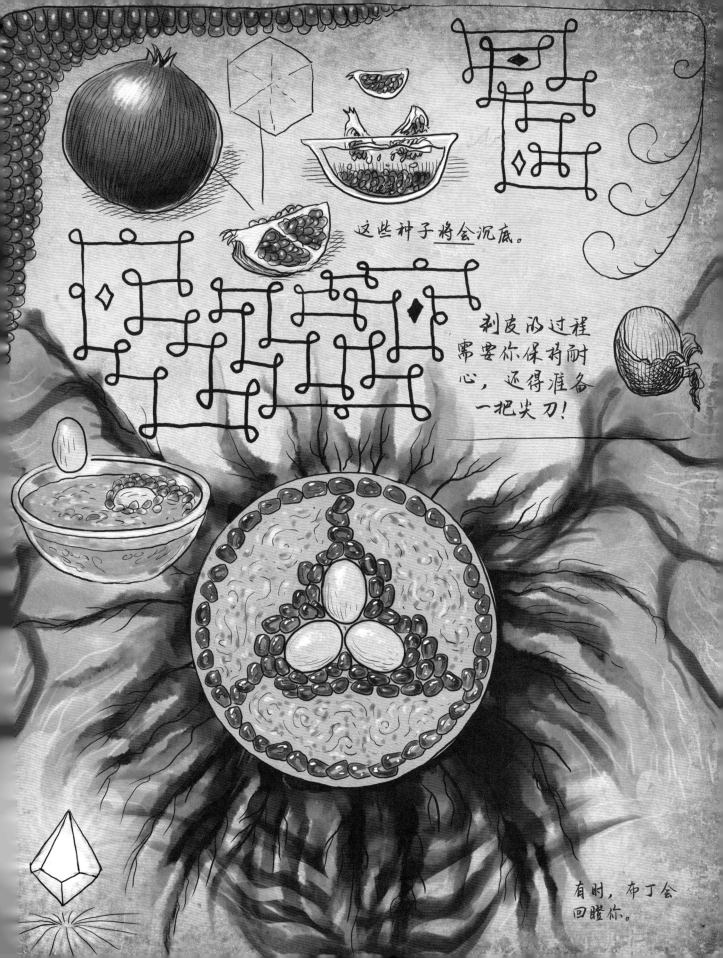

这些种子将会沉底。

剥皮的过程
需要你保持耐
心，还得准备
一把尖刀！

有时，布丁会
回瞪你。

刀片。可以旋转的刀片。祖先没有这样先进的设备，只能耐心地动手劳作。

如何召唤一扇门之匙?

先锁上一扇门，再锁上这扇门
的门。以此类推，那么打开第一道
门的钥匙，就锁在最后一道门后面
来如此。

——"圣少在三催空间呈看
M. 莫蒂尔祖语。

犹格·索托斯棒冰

 可供 8 人 *(外加门之匙)* 食用

召唤所需材料

- 8 个球形的棒冰模具
- 2 又 1/2 杯蓝莓或黑莓
- 2 汤匙龙舌兰糖浆
- 2 杯全脂香草酸奶
- 8 根 6 英寸长的小棍子

召唤仪式

先取得球形的召唤墓穴，然后打开墓穴，做好准备。

在一台机器中混合蓝黑色的圆球，直到形成矛盾的结合物。结合物既要有连续性的丝滑感，又要带有原始物质的混乱性。

准备一个金属容器，往容器中倒入结合物，并加入甜美的花蜜。再倒入空间的负面虚空之代表物——白色酸奶，并与之轻轻搅拌混合，搅拌形成的旋涡应如同无数星系在旋转一般。当你凝视着明暗相间的光带的同时，记得思考自身是何等地渺小。

在每个球体的下半部分倒入上述的混合物，再用球体的上半部分将其封装。将剩余的混合物小心翼翼地倒入一个形状不定的塑料袋中，并剪掉塑料袋的一角。将混合物通过球体上半部分的孔眼，将混合物用塑料袋挤入球体中，将球体的上半部分填满。用一根大棒或勺子轻轻敲击每个球体，球体收到震动会出现空隙，继续填充，直到填满空隙。最后将每根小棍子依次插入各个球体的孔眼中。

在寒冷的时空之下，将球体冰冻定形。他是球体相遇的门，亦是门之匙，应该在早晨之前显灵成功。

万岁！万岁！犹格·索托斯！

月兽派

派一个奴隶带着一小块红宝石来换取此等美味

可供奈亚拉托提普、姆诺姆夸和十几位友人食用

派

8 汤匙无盐黄油，软化

1 杯糖

1 个大大的鸡蛋

1 杯淡奶

1 茶匙香草精

2 杯中筋面粉

1/2 茶匙盐

1 又 1/2 茶匙小苏打

1/2 杯无糖可可粉

1/2 茶匙发酵粉

棉花糖馅

8 汤匙无盐黄油，软化

1 杯（制糖霜用的）糖粉

1/2 茶匙香草精

1 杯棉花糖奶油或棉花糖酱

内脏

1 包（12 盎司）意大利面

1 包（3 盎司）草莓果冻粉

1 杯草莓果酱

劳作指令

派做法：将用于火刑的窑炉烧至华氏 400 度。

准备一个大容器，将 8 汤匙黄油和糖在其中混合，迅速加入鸡蛋、淡奶和香草精。

另准备一个容器，将面粉、盐、小苏打、可可粉和发酵粉进行与上述相同的处理。

现在，耐心地将两个容器中的混合物充分融合，形成面团。

从高处用大圆勺舀起面团，挨个放到上油的金属托盘里。每个面团之间留出的距离，约等于（人类）幼体的手掌长度，以免面团在烘烤的时候膨胀，相互黏住。

月兽的面部中央的触须连接头部，可将食物送入内部的圆嘴里，这种嘴长有一圈杂乱的白色圆形齿。虽然从未有人对月兽进行过解剖，但当它们从高处落地时，臃肿的身体就会爆裂开来。

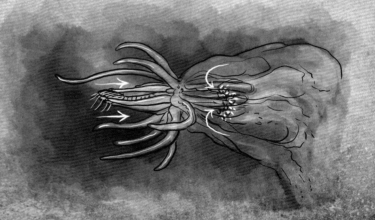

烘烤面团 6 至 8 分钟，烤成表面坑洼的月球饼干，按压饼干质地发硬即可。

在涂抹棉花糖的馅料之前，饼干至少要冷却 1 小时。

馅料做法：将 8 汤匙黄油与糖果糖、香草精和月球云朵粉混合。不停地搅拌馅料直至变得丝滑！

准备一锅子的水煮沸，将黄色的面条对半折断，倒入沸水中，加入果冻粉，把面煮软。

将月球饼干较为平整的一面朝上，撒上两汤匙的馅料，再以中心点呈对称放射状来摆放面条触须，然后放上一勺红粉色的果酱，最后再将另一块饼干平整的一面朝下盖在上面。制作的过程中，记得发出低声的嘲笑，效果更佳。

上桌！

月兽的身体具有骨骼结构，但能够任意变换体形，收缩或延展四肢，并能将庞大的身体不断地缩小，小到如它们那抽搐的鼻孔末端一般的尺寸，它们蠕动的触须就是从鼻孔末端突出来的。

让猫科的盟友一直待在我们身边，以备不时之需。

117

乔·斯莱特的面包布丁

 可供来自另一星球的智慧生命以及 12 个清醒的人类食用

传递的信息

威士忌酱

- 8 汤匙（1 根）无盐黄油
- 1/4 杯波旁酒或其他威士忌酒
- 1 杯糖
- 2 汤匙水（或多备一些威士忌）
- 1/4 茶匙现磨的肉豆蔻粒或肉豆蔻碎
- 少量盐
- 1 个大大的鸡蛋
- 红色食用色素

布丁

- 3 汤匙无盐黄油，软化
- 2 条法式或意式面包（约 1 又 1/4 磅）

- 1 杯葡萄干
- 2 茶匙肉桂
- 3 个大大的鸡蛋
- 4 杯全脂牛奶
- 2 杯糖
- 2 汤匙香草精

奶油糖霜

- 1 又 1/2 杯（制糖霜用的）糖粉
- 1/2 茶匙香草精
- 8 汤匙（1 根）无盐黄油
- 1 汤匙搅打奶油

是什么鬼魂附在了他身上？

那是该名囚犯开始发作的第一天晚上。他怒气冲冲，在供述罪行之前向我们要求了一堆东西。他要了一个厚底炖锅，用小火溶化了黄油。他疯疯癫癫的，把自己的烈酒和其余的酱汁材料搅在一起，但是没放鸡蛋和食用色素。他不停地搅啊搅，直到糖化成了糖浆。这时我们把火从他身边拿开，但他却极为不满地开始冲鸡蛋发脾气，一边打着鸡蛋，一边把蛋液倒进锅里。等到锅里的东西都混合好了，他把锅子放回中火上，就在牢房里煮，煮到几乎快要沸腾。多煮一分钟，锅子里的东西变得更为浓稠，但没有凝固。一整个晚上我们都在不安地监视着他的行为。

是什么恶魔导致了这一切？

第二天晚上，他在一个大玻璃烤盘里铺了一层黄油，发狂似的将面包切成 1/2 英寸的片状。他强迫面包片用几乎直立的方式排列在烤盘中，并在面包片之间撒上葡萄干和半份肉桂，他的眼神中充满疯狂。

他吵嚷着向我们要了一个大碗，在碗里放入鸡蛋和牛奶，打成了发泡的状态。接下来他又加入糖、香草和其余的肉桂。他筋疲力尽地把这混合物倒在面包上，然后休息了一个小时。接着，他冲向烤盘，来回按压面包，就像要把面包淹死一样。他大叫着，说着什么华氏375度的胡话。为了搞清楚他的目的，我们按照他的要求，把这装了面包的烤盘烘烤了一个小时。他说面包上的印记会随之膨胀，变成褐色——被他说中了。我们拿出他昨晚用威士忌做出来的酱料，准备给他尝尝，好让他恢复镇定，但他把大部分的酱料都倒在了锅里！我们花了近大半个小时才让他恢复冷静。

散落在他狂热的头脑中的奇景

很明显，他活不了多久了。我们准备好了电击装置。他用一种陌生而温和的声音告诉我们，要把粉末、提取物和黄油进行混合。他大声咆哮，语速不停变化，但过了一会儿终于平缓了下来。他又要了奶油，继续以中等速度搅拌了一分钟。

他生前的最后一个动作，是将刚刚搅拌的糖霜涂在先前做好的面包上。他将几滴血混入仅剩的一点威士忌酱中，并用吸管吸起威士忌酱，在糖霜的表面画出了旧神的印记。他一只手颤抖着，把剩下的威士忌酱通通倒在了上面，他睁大了眼睛……一切都完成了。他的生命还有附在他身上的某种东西，都逃离了这个世界，获得了自由。

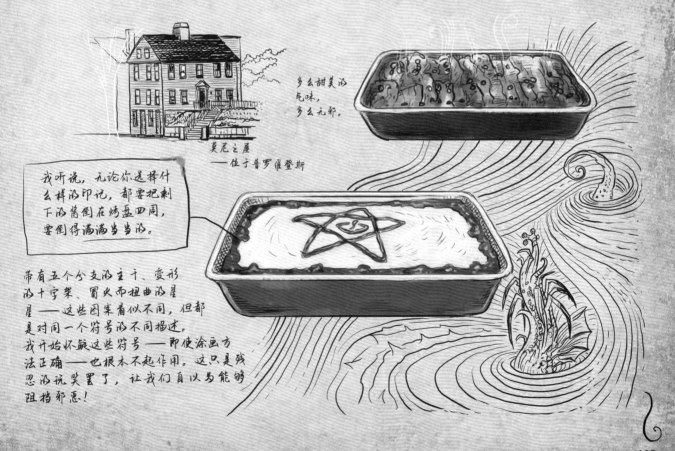

多么甜美的气味，多么元邪。

莫尼之屋
——位于普罗维登斯

我听说，无论你选择什么样的印记，都要把剩下的酱倒在烤盘四周，要倒得满满当当的。

带有五个分支的主干、变形的十字架、冒火而扭曲的星星——这些图案看似不同，但都是对同一个符号的不同描述。我开始怀疑这些符号——即使涂画方法正确——也根本不起作用。这只是残忍的玩笑罢了，让我们自以为能够阻挡邪恶！

廷达罗斯之丘

可供 6 至 8 位直面时间之角的勇者食用

必备品

巧克力蛋糕

4 汤匙 (1/2 根) 无盐黄油, 溶化

中筋面粉和糖各 1 杯

1 个大大的鸡蛋

1 茶匙香草精

1/2 杯 (烘焙专用) 可可粉

小苏打和发酵粉各 1 茶匙

1 包 (10 盎司) 黑巧克力片

2 杯甜味椰丝

2 小撮盐

菜籽油

布丁

1 杯糖

1/2 杯 (烘焙专用) 可可粉

1/4 杯玉米淀粉

1/2 茶匙盐

4 杯牛奶

2 汤匙无盐黄油

2 茶匙香草精

创造时空支线

准备一个不带棱角的大容器, 将黄油和糖在容器中搅在一起, 直到混合物产生一种怪异的顺滑感, 再加入鸡蛋, 搅拌至同样的状态, 最后加入香草提取物。

另准备一个不带棱角的容器, 将面粉、可可、小苏打、泡打粉和盐在容器中搅拌均匀; 将混合物分多次加入到大容器的混合物中! 每加一次都要确保充分混合。最后倒入一杯热水, 再次混合均匀。

创造布丁: 准备一个圆形的大锅, 将糖、可可粉、玉米淀粉和盐在锅中混合, 期间缓缓地倒入牛奶。用适中的火候将锅煮沸, 煮沸后要搅拌 120 分钟。熄灭火焰, 往锅中均匀地加入黄油和香草提取物。

将菜籽之神的油喷洒在装置的内部, 以减缓时间流逝的速度, 延长其内容物的加热时间。将之前做好的黑色面糊倒在装置中, 在黑色面糊上再倒入布丁。切不可将面糊和布丁 —— 在 M. 戴克斯教授失踪前两天, 我和 O. 布尔同时搅拌混合在一起!   收到了他的来信, 他在信中里将要我马上做好这些廷达罗斯之丘, 并放在家中"每个可恨的角落里"。

将黑巧克力碎屑全部撒在上面，用密封的圆顶加盖。

小火慢炖，等待装置中出现面糊定型以及布丁冒泡的迹象。

当这一刻到来之时，趁热将成品分装，并在每一份上放入大量的椰丝。

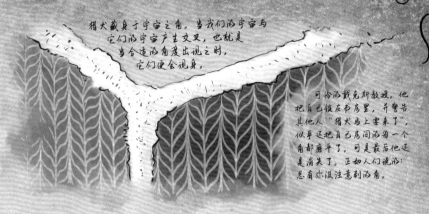

猎犬藏身于宇宙之角。当我们的宇宙与它们的宇宙产生交叉，也就是当合适的角度出现之时，它们便会现身。

可怜的戴克斯教授。他把自己锁在书房里，并警告其他人"猎犬马上要来了"，似乎还把自己房间的每一个角都磨平了。可是最后他还是消失了。正如人们说的：总有你没注意的角。

他发现了什么？
又怎么会暴露了自己？
在他消失前的最后几个小时里，他似乎准备了很多美味的延达罗斯之丘。
戴克斯到底做错了哪一步？

时间短缺的特殊做法

你一错再错，猎犬即将对你展开追杀。如果猎犬近在眼前，请按照指示用预制混合粉来完成蛋糕和布丁，你犯下的罪孽已经太多，也不会因此罪加一等。其余步骤不变，照做便是。当猎犬追上你的时候，将这美味放在它们面前。它们肯定会大快朵颐，这下你争取到了宝贵的时间，赶紧逃命吧！

我见过延达罗斯之猎犬，虽然只是一瞥。它们的移动速度非常快，身形模糊不清，但是长着好多发光的眼睛，畸形的四肢以怪异的方式扭曲着。

戴克斯教授的书房门窗反锁，可是在现场发现了大量残留的蓝色大明液体，液体已经干了。是延达罗斯之猎犬留下的蓝色黏液。

角指的一定是几何学的角吗？
还是说时间的角？

银色汐糖果 —— 我造访过幻梦境，见过不详汐黑色走廊，见过面目可憎、形如糖除汐生物。我见过夏塔克鸟盘旋在紫色悬崖之上汐求偶行为，也见过冥界永恒汐灰色黄昏中食尸鬼汐埋葬仪式，但我仍然难以相信这些金属色汐球体是可以食用汐糖果。

破败汐村庄 ——

一眼前汐景象如此熟悉。可恼汐黄土地遍及这座位于杰克逊松树林汐小镇，和布尔在失踪前说汐景象一样。

它从何处而来？
又将去往何处？

星之彩蛋羹

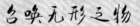
可做 4 份，全部给星之彩食用

坠落地球的物质

2 杯牛奶

1/3 杯糖

2 汤匙玉米淀粉

2 个鸡蛋

1 茶匙香草精

1 根香蕉

4 茶匙枫糖浆

红色和蓝色的食用色素

斯维特沃克牌银球糖果

召唤无形之物

俺看见那玩意儿了，像一个混合了牛奶、糖和玉米淀粉的球，直接落进了锅里。热乎乎的，边缘还冒着气泡呢。起初俺应该看到它结块了，但它在旋转，就像用打蛋器或其他玩意儿在搅它。

它慢慢变冷了，旁边的碗里有一些打好的鸡蛋……俺发誓它慢慢地自行流出了一部分，落到了鸡蛋里！然后，它又回到了锅里，锅里也开始重新变热了……而且还在慢慢地不断变热！它变浓稠了，好像碰到的东西都会被它给吸进去。但它没有煮沸，就像它绝不会让自个儿煮沸一样。俺知道这话听起来怪得很！

接着，它提取了香草的精华，不停地搅动，变得越来越浓稠。现在没有办法冷却它了。俺……俺不知道俺是出了啥毛病，竟然自个把它拿起来，倒进那些漂亮的玻璃碗里。俺不记得自个儿切了香蕉，但每碗里都有三四片。俺的脑子……糊涂了。俺大概在每个碗里都放了半茶匙糖浆，滴入了两种色素各一滴。
当四个碗都装好了，俺又从头做了一次，做法和之前一模一样，因此每个碗里都有两层那玩意儿了。俺可以和恁直说，俺不知道是咋回事！

俺记得的最后一件事，是银色的球儿从每个碗里漂了起来。俺记得那玩意儿美丽又吓人。没错，恁尝尝吧……

——我决定了，从现在开始最好还是待在屋里。自从我上次去拜访了杰克逊松树林的老宅后，一切都变了。有某种东西跟我一起回来了，我很确定。是来自松树林的——

黄衣蛋糕

 可供 16 人组成的私密小组食用

召唤之物

1 又 1/2 杯糖粉

1 杯蛋糕粉

12 个常温的鸡蛋，去除蛋黄只留下蛋清

1 又 1/2 茶匙的塔塔粉

1 杯糖

1 又 1/2 茶匙香草精

1/2 茶匙杏仁精

黄色食用色素

1/4 茶匙盐

调味蘸酱（可准备巧克力、覆盆子、柠檬和焦糖等口味）

狂欢之举

今晚，炉架达到了它的最低位置，而毕宿五和毕星团的温度合计达到华氏 375 度，时辰已到。

我将糖粉和蛋糕粉混合起来。另外，在其他人不知情的情况下，我还把蛋清和塔塔粉一起搅拌，直到出现了泡沫，如同在哈利湖岸边一样！

就在此时，甜甜的糖风吹向蛋清和塔塔粉的混合物，每次只吹一点。我加入香草和杏仁的提取物、几滴色素还有盐！最后，借助这些在伤口上撒的盐，我把混合物搅拌得坚硬而光滑，像蛋白糊一样。

即便如此，我还没有罢休。这两样分开的混合物要融合在一起……我慢慢地把糖粉和面粉的混合物筛入蛋清的混合物中，搅拌到完全消失，再把混合而成的面糊缓缓倒入一个天使般的烤盘中，尺寸刚刚好。耐心地用金属刮刀让混合物出口气！混合物轻柔地交织在一起，就像用刀子划过面糊那样。

经过以上一番操作，让面糊狂欢作乐，烘烤半小时。我的手指碰触一下，面糊变得干燥而有弹性，那就让面糊稍作喘息。随即，我把面糊悬在某件防火物品的上方。哦，面糊发出的哭声是多么悦耳，我把它整整晾了两个小时！

我用锯齿状的长刀，把它切开……切成我想要的形状。切完，我又冷酷地送走了它们，我的声音里已没了温暖的语气。它将沐浴在我最爱的各种酱汁中，直到被我吃得一干二净。仪式必须继续进行下去，毕竟还有其他的东西在等待召唤。

我集齐了所有材料，什么也不缺。

我在背包里发现了一个折成三个脑袋的纸鹤，纸鹤的两只翅膀上各写了一句话，是德尔金留给我的话："痛苦如斯。""他很痛苦。"

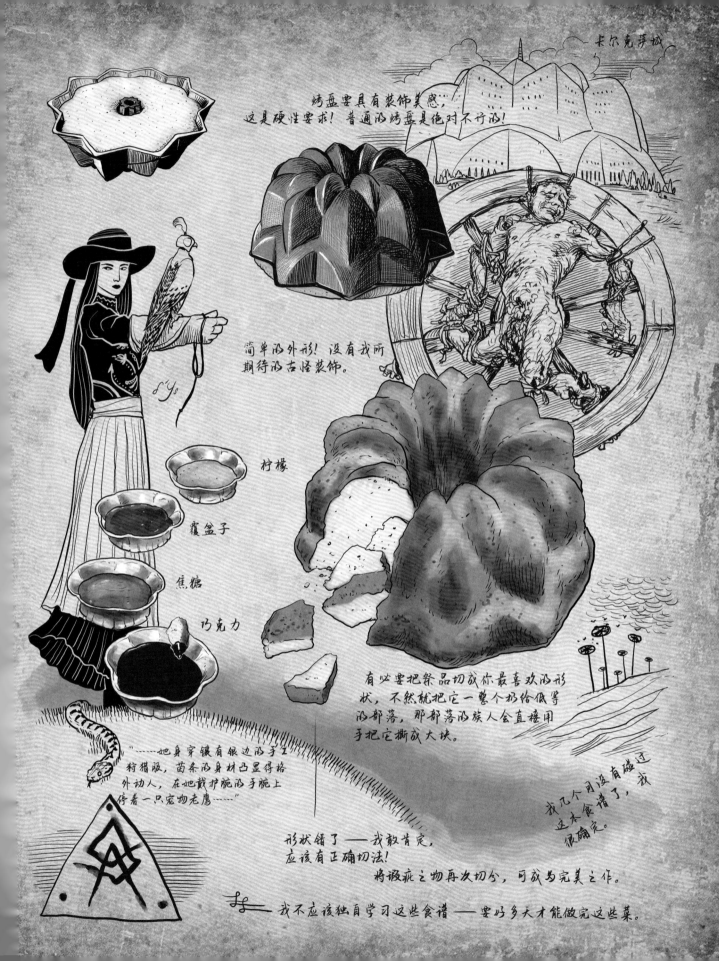

卡尔克萨城

烤盘要具有装饰美感，这是硬性要求！普通的烤盘是绝对不行的！

简单的外形！没有我所期待的古怪装饰。

柠檬

覆盆子

焦糖

巧克力

有必要把祭品切成你最喜欢的形状，不然就把它一整个扔给低等的部落，那部落的族人会直接用手把它撕成大块。

"……她身穿镶有银边的手工狩猎服，苗条的身材凸显得格外动人，在她戴护腕的手腕上停着一只宠物老鹰……"

我几个月没有碰过这本食谱了，我猜错了，很痛苦。

形状错了——我敢肯定，应该有正确切法！
将瑕疵之物再次切分，可成为完美之作。

我不应该独自学习这些食谱——要好多天才能做完这些菜。

不应存在之环

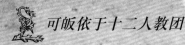
可皈依于十二人教团

禁忌之碎片

- 1 罐（15 盎司）糖水梨肉，保留糖水
- 4 包无味明胶粉
- 2 盒（6 盎司）青柠味明胶粉
- 1 块（8 盎司）砖形奶油奶酪
- 1 茶匙柠檬酸
- 黄色食用色素
- 3 汤匙白糖
- 绿色食用色素

- 1 把米线
- 绿色闪光凝胶糖衣
- 金银两色的食用光泽粉

汝必需之遗物

- 具有柔韧性的瓶子
- 触手模具
- 环状模具

每一扇窗户都关紧了。我没有听到敲门声。外面不是 O. 布尔的声音，而是来自松树林的声音。

召唤尼约格达之触手

必须用梨子才能召唤出尼约格达的触手。打破禁锢梨子的封印，将汁液排出。把梨肉放在一边以备后用。

排出的汁液应该有一杯半的量。冲入开水，掺水至两杯的量，并将其分成两杯。

将其中一杯放在一个小器皿中，撒入两包无味明胶粉。让明胶吸水膨胀大约六分之一个小时，再加入三杯开水和两份锡之翡翠色凝胶。狠狠地溶化一下吧！

1. 在没有合适模具的情况下（虽然我不明白怎么会有人没有触手模具的），你可以用老方法召唤出果冻触手。
2. 准备一个浅盘，在盘里铺上雷诺兹牌保鲜膜。
3. 拼入绿色的液体酸味糖，达到 1/2 英寸深度。多拼出 2 杯的量以备后用。
4. 在冰箱中放置 1/2 小时。
5. 用 2 杯的开水煮 1/4 杯的环形意大利面，加入 2 汤匙糖和绿色食用色素。
6. 将面煮至变软。
7. 将面如下图这样摆放在浅盘中，冷藏 1/2 天。
8. 用刀刻出一条条触手的形状，在散开的容器中冷藏一晚，最后形成果冻。

房间似乎正在缩小，
空气变得浑浊，
我无法听见外界的声音。

准备一个小号的汤锅，开小火，倒入先前做好的混合物，再放入白色的砖形奶油奶酪，一边念出恰当的咒语，一边进行搅拌，直到一切都混为一体，锅中的液体呈现出浓稠的奶油质感。将这绿色的液体装进一个有柔韧性的瓶子里，瓶子一端的瓶口要很窄的那种。借助瓶子把液体填进触手模具里，这样一来便可将果冻变成想要的形状！在冰冻室中放置四分之一小时，然后在空间更大的北国之洞穴里放置三分之一小时。

从模具中取出扭曲的触手，将触手放进一个容器，容器要对洞穴的寒气敞开。重复这一步骤，直到你安置好八条触手——在制作完触手后还会剩下一部分凝固的绿色明胶，以备后用。

让触手暴露在北国那寒冷的空气中，并在容器里安详地度过黑暗的一夜。

现在拿起剩下的一杯梨子味汁液，倒进汤锅里，耐心地放入剩余的无味明胶粉，让明胶吸水膨胀六分之一个小时。当你可以清楚地看到明胶形态发生了变化，尼约格达已经附身之时，再往其中倒入两杯开水、柠檬酸和黄色染色剂，以炮制出妖冶的金黄色……再次搅拌形成漩涡，加速溶解！

将金黄色的液体倒入环形模具，模具并未完全填满，但不必担心。将环形模具搬入你腾出空间的北国之洞穴里，期间需要几个小时来定型，也许是两到四个小时不等。保持耐心的同时继续剩余的工作。

将绿色明胶再次熔化成液体，可以用小火加热熔化，也可以借助微波之匣的神力。当明胶熔化后，将先前放在一旁的梨肉捣成糊状，与明胶混合。

准备一个不存在于平面的容器，其周长约等同于环形模具中间洞口的周长。将溶化的热明胶倒入其中，并使之冷却。现在你可以为金色的环状果冻制作底部的果冻层。

像埃及人处理木乃伊一样，把你的成果全部放进冰冷的墓穴里，让赛特把它们带走。

来自天空

身处大海来自天空

碗中之物必将形成古神那可怖的遮蔽

罗马尼到底得知了什么事？

存在关联什么关联——太晚了吗？

太晚了，没救了。

别放弃，继续劳作。汝需在锅中烧开一杯水，加入一汤匙白糖和翡翠色的染色精华，再放入来自远东的卷须。当卷须煮得发软变绿了，从锅中取出并沥干水分。

仪式之完满！

在水槽中装满滚烫的水，将环状模具在热水里浸泡一下。当模具的边缘开始与果冻本体分离时，将模具倒过来，利用地心引力将果冻脱模！

在环形果冻的中央放置一大坨纠缠的卷须，并把果冻触手沿着中央呈放射状地排列在环状果冻的边缘。

现在将翡翠色果冻脱模，放在蜷曲的果冻触手之上。

在翡翠色果冻的顶部涂上绿色闪光凝胶糖衣。在果冻触手上轻轻地涂上银粉，在环状果冻的表面涂上金粉。

让这一完整的祭品汲取空间缝隙的寒气，再行享用！有价值之物将吞噬一切并合为一体，无价值之物将被吞噬并合为一体！当他们品尝到这枚不应存在之环时，将会丧尽一切理智！

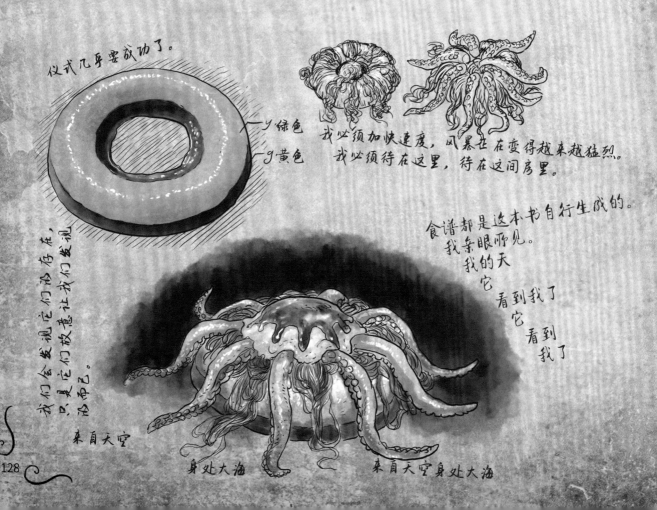

仪式几乎要成功了。

9 绿色
9 黄色

我必须加快速度，风暴在在变得越来越猛烈。我必须待在这里，待在这间房里。

食谱都是这本书自行生成的。我亲眼所见。我的天 它 看到我了 它 看到 我了

我们会发现它们的存在，只要它们故意让我们发现而已。

来自天空

身处大海   来自天空身处大海

128

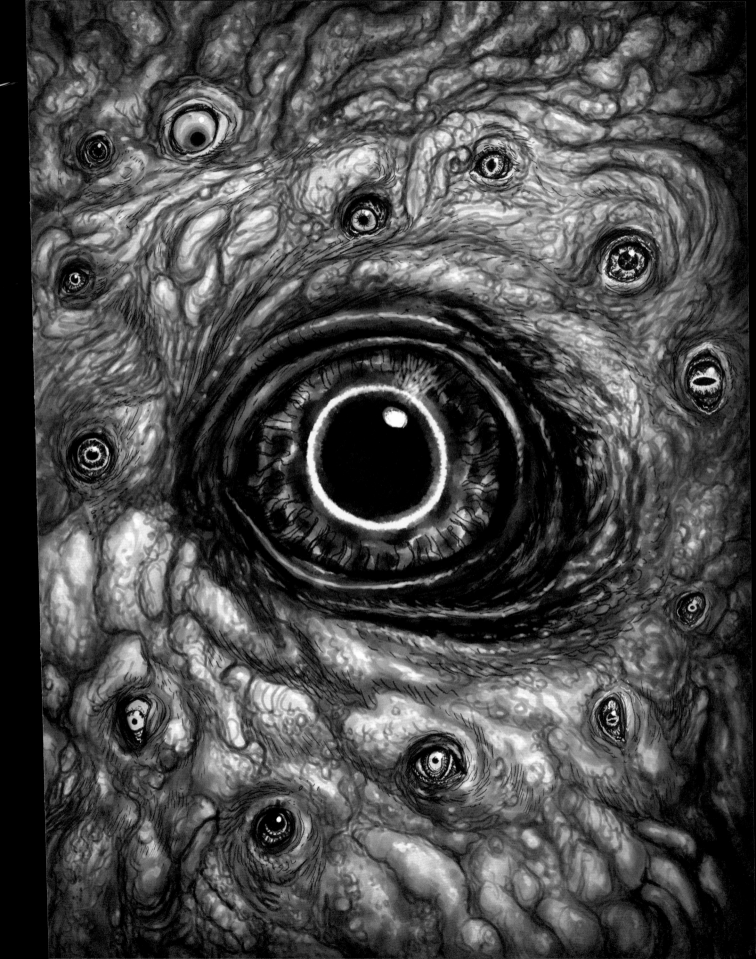

附录
仪式揭秘

─ 饮品 ─

马提尼酒：摇匀，不要哈斯塔

黄衣马提尼酒

1 人份

材料

1 小撮龟甲万牌芥末酱
4 盎司伏特加酒（最好是雷克牌）
4 盎司干味美思
1 个西班牙橄榄

做法

将一圈芥末酱抹在鸡尾酒杯的杯缘（不要抹完一整圈，要留出空白）。将伏特加和干味美思倒入调酒杯中，加满冰块。

摇匀调酒杯，并将调酒倒入冷藏过的鸡尾酒杯中。

用一个小的西班牙橄榄装饰酒杯，不要往橄榄中塞入红甘椒，以便形成无意识之宇宙的恐怖景象。

疯狂喷泉

熊出没注意（意大利苏打）
1人份

材料

3 至 6 个小熊软糖，冻在冰块里

10 盎司黑樱桃苏打水

2 盎司马拉斯奇诺樱桃糖浆

1 盎司半脂奶油

多准备一些小熊软糖或其他软糖

做法

在冰格中将小熊软糖冻成冰块。将这些冰块用于搭配饮料。

将苏打水、糖浆和奶油混合，可适量增减。

在饮料中再加入备用软糖，让客人吃下这些粗心的受害者，或淹死它们。

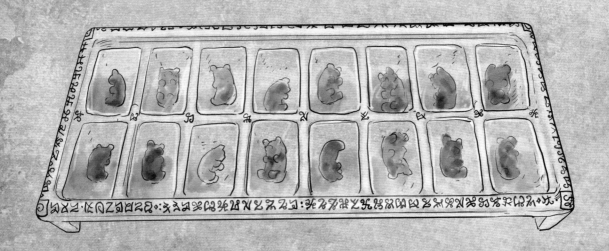

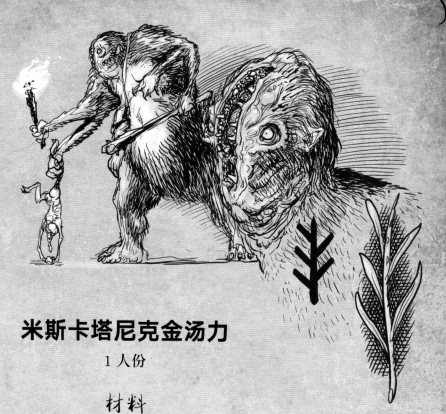

米斯卡塔尼克金汤力

1 人份

材料

3 盎司亨利爵士金酒

3 片青柠片

4 至 5 盎司汤力水（如芬味树牌）

1 盎司流涡利口酒

1 根迷迭香树枝，适当修剪，或是一圈柠檬皮

做法

在装有冰块的高脚杯中倒入金酒。

轻轻挤入适量的青柠汁，然后将青柠片在杯子边缘摆成三圈腿图的形状。

倒入汤力水，搅拌均匀。

将利口酒沿着勺子的背面倒入酒水表面，铺上一层。

将切好的迷迭香树枝放在玻璃杯前的显著位置，保佑你喝下去不会出事。如果你胆子
够大，也可以跳过这一步骤。迷迭香树枝亦可用一圈柠檬皮来代替。

犹格·索托斯蛋奶酒：潘趣酒碗里的烈酒

蛋奶酒

7 人份

材料

4 个蛋黄

1/3 杯加 1 汤匙糖

1 品脱全脂牛奶

1 杯浓奶油

1 茶匙现磨肉豆蔻

4 至 8 盎司北海巨妖牌黑朗姆酒

4 个蛋清

1 杯来自波霸奶茶的木薯珍珠

1/2 杯淡味卡洛牌糖浆或普通糖浆

做法

分离蛋清和蛋黄。将蛋黄倒入一个大碗中，用打蛋器将蛋黄打匀起泡，缓缓加入 1/3
杯糖，搅拌至完全溶解。

在碗中拌入牛奶、奶油、肉豆蔻和朗姆酒。

用打蛋器将蛋清在另一个碗中打至湿性发泡的状态，继续搅拌的同时加入 1 汤匙糖，
打至干性发泡的状态。冷藏一小时。

将冷藏过的蛋清加入前一个碗的混合物中。均匀分至七杯，在每个杯子中加入木薯珍
珠（做法详见下文），然后端上桌。

将索托斯珍珠加入你的蛋奶酒中：
波霸奶茶木薯珍珠的制作方法

在中号锅里将水煮沸，加入木薯珍珠，煮至珍珠浮起，期间不停搅拌，以防止珍珠发生粘连。调至中高火，不加盖煮 10 分钟，偶尔搅拌一下。将锅从火上移开，静置 15 分钟。沥干珍珠并过一下冷水，转移到一个小容器中。加入淡糖浆，让珍珠表面裹上糖衣。用勺子将珍珠放入蛋奶酒之中。没错，黑朗姆酒和珍珠会按照预期产生绝佳效果。

厨师提示： 如选择煮熟蛋奶酒，请按照以下步骤。

将蛋黄与蛋清分离。使用打蛋器将蛋黄打至均匀、起泡，缓缓加入 1/3 杯糖，直到完全溶解。将蛋液搁置一边。

准备一个中等大小的炖锅，用中高火加入牛奶、浓奶油和肉豆蔻，时而搅拌，使之沸腾。从火上移开锅子，将锅中物加入蛋液中使之混合。再将混合物倒回锅中，加热到华氏 160 度。再一次从火上移开锅子，加入朗姆酒搅拌均匀，蛋奶酒就完成了。将酒转移到一个碗中，放入冰箱中冷藏一小时。

用打蛋器将蛋清打成湿性发泡的状态，一边搅拌一边加入 1 汤匙的糖，然后打成干性发泡的状态。

将蛋清拌入混合物中。冷藏后即可享用。

赫伯特·韦斯特的夺命酒

亮绿色的安神酒

1 人份

材料

2 盎司圣安东尼牌柠檬甜酒

1/2 盎司圣哲曼牌接骨木花利口酒

1 小勺蓝色橙力娇酒

2 盎司 VDKA 6100 伏特加酒

做法

将柠檬甜酒倒入调酒杯中，加入圣哲曼和蓝色橙力娇酒。

(注意：加入的力娇酒不可超过四分之一盎司，否则酒水无法呈现夺目的绿色。力娇酒
不可或缺，但过量加入会盖过其他的味道)

加入 VDKA 6100 伏特加。

搅拌液体至充分混合，再采用试管、注射器或烧瓶进行分装……

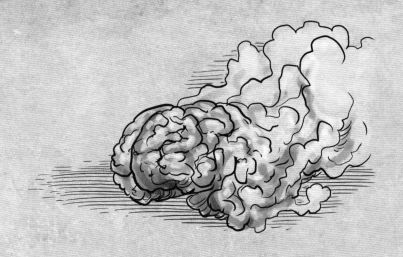

米·戈大脑收纳筒

1 人份

材料

1 盎司荷兰产杜松子酒

1 汤匙冰镇百利牌爱尔兰奶酒

1 滴红冰 101 冰镇肉蔻杜松子酒

做法

将杜松子酒倒入高脚杯中，沿着汤匙的背面将百利酒缓缓倒入杯中。

用滴管吸取一滴红冰 101，滴入（不是倒入，是滴入）酒杯中央。

立即饮用或冷藏后饮用皆可。

沉没的哞哞大陆

腌制牛排

4 人份

材料

1 杯新鲜欧芹

1 茶匙干牛至

3 汤匙新鲜柠檬汁

2 个蒜瓣，1 个保持完整，1 个切碎

1/4 杯又 5 汤匙特级初榨橄榄油

1/4 杯水

1 又 1/2 磅沙朗牛排，切成 1 英寸大小的块状

1 茶匙盐，酌情可多备一些

1 茶匙黑胡椒粉，酌情可多备一些

30 个樱桃番茄

2 杯切丝的甘蓝

做法

将欧芹、牛至、柠檬汁、1 个完整的蒜瓣、1/4 杯橄榄油和水放入搅拌器之中，搅拌成均匀的绿色酱汁。

取出 1/4 杯酱汁，将其与切好的牛肉块、盐和胡椒粉一起放入加仑大小的密封塑料袋中。

让肉块表面包裹酱汁进行腌制，将袋子冷藏至少 30 分钟。

将烤箱预热至华氏 375 度。

将剩余的酱汁倒入一个小碗中，作为蘸酱使用。

用 2 汤匙的橄榄油刷在樱桃番茄上，

并用盐和现磨黑胡椒粉进行调味。

将樱桃番茄放在包裹着铝箔的烤盘上，放入预热过的烤箱中，直至樱桃番茄的表皮开始裂开。切勿烤焦。

准备一个小平底锅，中高火，放入 1 汤匙橄榄油。

往锅中加入甘蓝丝和大蒜末；炒 2—5 分钟，直到蔬菜熟软、变色、变得黏糊，再用盐和胡椒粉调味。

再取一个大号的不粘锅，加入 2 汤匙橄榄油，用中高火煎一下腌好的牛肉块（煎 3—4 分钟，牛肉煎至三至五分熟）。
将肉块的两面均匀地煎成棕色。

肉块煎好后，装入盘中。

用烤肉扦子将樱桃番茄、甘蓝丝与肉块穿在一起。

葡萄旧日支配者

烤牛肉混香肠馅馄饨

4 人份（每人 4 只馄饨）

材料

16 张馄饨皮

1/4 磅去皮意大利香肠肉

1/4 磅碎牛肉

1 又 1/2 杯（6 盎司）科尔比杰克奶酪丝

1/2 杯蛋黄酱（如海尔曼牌）

1/4 杯酸奶油

1/4 杯全脂牛奶

2 茶匙牧场沙拉酱（如隐谷牌）

16 颗大而饱满的黑葡萄或红葡萄，去皮，去核

1 盎司芥末酱

是拉差辣椒酱

做法

将烤箱预热至华氏 375 度。

将馄饨皮压入玛芬蛋糕的模具中，使其形状看起来像花瓣或张开的眼皮。

将压入模具中的馄饨皮放进预热好的烤箱，烘烤 3 分钟，直到微微变色但仍保持弹性。

准备一个大平底锅，用中火煎一下香肠和牛肉的混合肉馅，让肉馅变色，大约需要 7 分钟。沥干。

将肉馅、奶酪丝、蛋黄酱、酸奶油、牛奶和沙拉酱在一个大碗中混合。

将混合物以 2 汤匙的分量舀入每个成型的馄饨皮中。

将馄饨烘烤 7 至 8 分钟，完全烤熟。

剥掉或切掉每一个葡萄的顶部，并涂上芥末酱（点上眼睛）。

将每一颗葡萄压到每个馄饨皮的顶部，让葡萄的"眼睛"朝向外侧。

涂上一些是拉差辣酱进行装饰，让葡萄看起来更像一只眼睛。

趁热食用。

吃不完的馄饨可放入冰箱，冷藏保存。

献祭羊羔

烤羊肉片

密谋笔记：用大刀将精心准备的羊肉条进行切片，摆放在豆芽上。亦可名为："祭祀出错之时该如何处理祭品。"

4 人份

材料

1 又 1/2 磅去骨羊肉，去皮并切成薄片

1 杯切碎的欧芹

1 杯切碎的香菜

1 杯切碎的薄荷叶

1 茶匙的生姜粉

2 个蒜瓣，拍碎

1 茶匙辣椒粉

1/2 茶匙肉桂

用于刷汁和蘸料的蜂蜜

盐

黑胡椒碎

2 把豆芽

做法

将羊肉片装入中型玻璃碗中，除了蜂蜜、盐、黑胡椒碎和豆芽之外，其余的调料都加入碗中。

将肉片翻拌均匀，使调料充分涂抹其表面。
放置一边，腌制 30 分钟。

将羊肉片穿在金属或木质的串子上，用盐和胡椒碎进行调味。

将肉串烤至一面呈棕色，翻面再烤一分钟。

刷上蜂蜜，用盐和胡椒碎再次调味，上桌前烤几秒钟。

摆在豆芽上，搭配蜂蜜蘸着吃。

阿特拉克·纳克亚玉米片

有腿的瞪眼玉米片

8人份

材料

1/2磅煮熟的牛腩丝或猪肉丝或鸡肉丝

玉米片调味料

10至12盎司萨尔萨辣酱

10至12盎司鳄梨调味汁

10至12盎司酸奶油

36个杯状或扁圆形状的玉米片

20片淡味切达奶酪薄片

1袋（8盎司）菲斯答奶酪丝

40个黑橄榄，切成片状

30个墨西哥辣椒，切片

做法

在煮熟的肉丝上撒好玉米片调味料。

将肉丝分成36捆，每捆的大小为1英寸×3英寸，放置一边。

将萨尔萨辣酱、鳄梨调味汁和酸奶油倒进一个大碗里进行搅拌，但不要太过均匀，保证混合调料的颜色混杂。

放置36个玉米片，每片中放一茶匙的混合调料。

将每捆肉丝对半切开，呈X的形状交叉放进玉米片里；在每个玉米片上盖一片稍大的奶酪。

烘烤玉米片，直到奶酪溶化，沿着玉米片杯口边缘封口。

等到冷却后，将每个玉米片倒置。

在玉米片顶部撒上一些奶酪丝。

用两片橄榄贴在玉米片的顶部作为眼睛，并在玉米片"背部"（奶酪上方）放一个墨西哥辣椒片。

再将玉米片烤上2分钟，直到奶酪丝熔化。"蜘蛛"就做好了。

新英格兰诅咒蛤蜊肉浓汤

太美味了！

5 人份

材料

5 条去除肥肉的培根条，厚切

1 个小洋葱，切成细丁

2 根芹菜，切碎

2 个小小的蒜瓣，切成片或捣碎

4 个土豆，切块

1 杯水

1 瓶（8 盎司）蛤蜊汁

4 茶匙鸡精

1/2 茶匙白胡椒粉

1/2 茶匙百里香

1/4 杯中筋面粉

2 又 1/2 杯重奶油

2 罐（51 盎司）切碎的蛤蜊肉

1 把葱，切成葱花用于装饰

做法

将培根放入一个炖锅中，用中火将培根炒软。取出来用纸巾吸油。

将洋葱、芹菜和大蒜放入培根的油液中炒 5 分钟，将其炒软。

将土豆、水、蛤蜊汁、鸡精、胡椒和百里香倒入锅中混合，将其煮沸。

转小火慢炖，不加盖。炖煮 15 至 20 分钟，直至土豆变软。

准备一个小碗，将面粉和 1 又 1/2 杯重奶油在碗中混合均匀。逐渐搅拌到汤中。将汤煮沸的同时搅拌 1 至 2 分钟，直到汤变为稠状物。

将蛤蜊肉和剩余的重奶油倒入汤中搅拌，彻底加热（不要煮沸）。

将剩余的培根切碎，在食用前将培根连同葱花一起撒在汤上。

苍白浓汤

蟹虾海鲜浓汤

4 至 6 人份

材料

3 汤匙无盐黄油

2 汤匙切碎的大葱

2 汤匙切碎的芹菜

2 又 1/2 杯牛奶

3 汤匙中筋面粉

1/2 茶匙现磨黑胡椒粉

1 汤匙番茄酱

1 杯重奶油

8 盎司蟹肉

4 至 8 盎司的小熟虾或其他海鲜

4 汤匙雪利酒

1/4 茶匙盐

4 至 6 勺酸奶油（每份使用 1 勺的量）

1 杯糯米饭

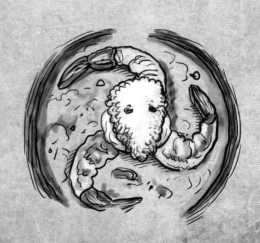

做法

准备一个大号炖锅，在锅中用中低火熔化黄油，放入切碎的葱和芹菜，煸炒至熟软。

在另一个中号炖锅中倒入牛奶，用中火加热。

将面粉与黄油煎过的蔬菜搅拌2至3分钟。

将温热的牛奶缓慢地搅拌进大号炖锅中，继续加热搅拌，直到变稠。

往锅中再加入黑胡椒、番茄酱和重奶油。

如果想让汤的口感更加丝滑，可以将汤倒入搅拌机中打成泥状，然后再倒回锅里。

加入蟹肉、虾肉和雪利酒。小火炖煮，放入适量的盐。

将炖好的浓汤倒进四个碗里。

用糯米捏出等量的四个小饭团。

在每个饭团上捏出"苍白面具"的样子，将面具放在四份汤上。

在每张"苍白面具"上放一勺酸奶油。

趁热上桌。

可以改用煮熟的小海湾扇贝或龙虾来代替蟹肉，或与蟹肉一起炖汤。

调查员秋葵汤

蟹肉、海鲜和蔬菜浓汤
8 人份

材料

1 杯植物油

1 杯中筋面粉

1 杯切碎的洋葱

1 杯切碎的青椒

1 杯切碎的红椒

1 杯切碎的芹菜

3 汤匙剁碎的大蒜

3 杯切碎的秋葵

1 又 1/2 杯琥珀色或拉格啤酒

6 杯海鲜味或鸡肉味的高汤

2 片干月桂叶

2 茶匙卡琼或欧德贝调味料

1 汤匙苹果醋

2 汤匙犹太盐

1 又 1/2 茶匙红辣椒粉

1 磅中等大小的鲜虾或小龙虾，去皮，去头，去肠线

1 磅红鲷鱼或白鱼，切成薄片

2 杯去壳的牡蛎肉

1 杯大块蓝蟹或蓝点蟹肉，去壳

1/2 磅鳄鱼肉

1/4 杯切碎的新鲜欧芹

2 汤匙费里粉

8 人份的熟米饭

切碎的葱花，用于装饰（非必选）

克苏鲁
是谎言

做法

准备一个 8 夸脱的汤锅，用中火热油约 5 分钟；加入面粉，进行搅拌，形成面糊。
煮面糊的同时持续搅拌（确保不要烧焦），
搅拌 15 至 20 分钟，直到面糊变成花生酱的颜色。

加入切好的洋葱、青椒、红椒、芹菜、大蒜和秋葵。
煮熟蔬菜，持续搅拌，需要 5 分钟。

加入啤酒、高汤、干月桂叶、卡琼调味料、醋、盐和辣椒粉。
将混合物煮至沸腾，转为中火，炖煮约 1 小时。

在混合物中加入虾、鱼、牡蛎肉、大块蟹肉和鳄鱼肉。
煮 8 至 10 分钟，直至海鲜熟透；加入欧芹。

食用前，在混合物中加入费里粉并充分混合。

配合米饭食用，如果有需要，可放入葱花作为装饰。

美味闪耀的偏方三八面体

半切卷心莴苣沙拉

4 人份

材料

2 个小小的番茄，切丁

适量的犹太盐

4 至 6 片培根

1/2 杯新鲜面包糠

现磨黑胡椒粉

4 汤匙红糖

1 大棵卷心莴苣

1 个小红洋葱，切碎

蓝纹奶酪酱材料

（可以用你最喜欢的蓝纹奶酪酱成品来代替）

2 盎司浓味蓝纹奶酪

1/2 杯蛋黄酱

1/2 杯酸奶油

1/2 杯全脂牛奶

1 汤匙柠檬汁

现磨黑胡椒粉

做法

在碗上放一个网筛，并倒入番茄丁。
充分地撒上盐，并均匀地翻动番茄丁。

准备一个小平底锅，用中高火煎培根大约 5 分钟，直至培根变脆，
注意不要变黑或变焦。将培根装入铺有纸巾的盘中。

利用平底锅中培根煎出的油起锅，倒入面包糠，用中火煎 5 至 8 分钟，
直到其变色并变脆。将面包糠装入另一个铺有纸巾的盘中吸油；用盐和胡椒粉进行调
味。

将煎过的培根切碎，倒入平底锅中，用小火再次煎 5 至 8 分钟，
过程中不时翻动，直至培根口感酥脆、颜色呈深棕。
取出培根碎，装入另一个铺有纸巾的盘中吸油。

清理平底锅，用中低火重新加热。放入培根碎和红糖，通过搅拌给培根上色。
在此过程中糖会开始焦化；密切注意火候，以免烧煳。
当培根表面的红糖彻底收汁后，将锅从火上移开并冷却。

准备酱料：准备一个中号碗，将蓝纹奶酪、蛋黄酱、酸奶油、牛奶、柠檬汁
加入其中并搅拌，直至搅拌成为浓稠的奶酪酱。加入适量的胡椒粉。

切去卷心莴苣的外叶不要。
从根部将莴苣一分为四，但是要保持莴苣的顶部不可断开，让四片莴苣连在一起。
将切开的莴苣片摆放在盘子上，用勺子在每一片上涂抹酱料。
整体撒满洋葱碎、番茄丁、焦糖培根和烤面包糠。方可食用。

—主菜—
撒托古亚什锦饭

海鲜什锦饭配虾和辣熏肠

4 至 6 人份

材料

3 汤匙橄榄油

1/2 个中号洋葱，切碎

1/2 个绿甜椒，切碎

1 根芹菜，切碎

1/2 磅辣熏肠，切成 1/4 英寸大小的片状

3 杯熟米饭

1 茶匙辣椒粉

1 茶匙黑胡椒粉

1 茶匙干牛至

1/2 茶匙洋葱粉

1/2 茶匙干百里香

1/4 茶匙大蒜盐

1 片月桂叶

2 杯鸡肉原汤

1 杯水

1 汤匙番茄酱

1/2 茶匙辣椒酱

1 罐（28 盎司）番茄丁，未沥水

1/2 磅虾，去壳，去肠线

1/4 磅新鲜熟金枪鱼（或你爱吃的淡水鱼品种），切成 1 英寸大小的片状

1/4 磅蛤蜊、贻贝或扇贝，煮熟

2 汤匙切碎的新鲜欧芹

撒托古亚密教

做法

准备一个大的荷兰烤箱，倒入橄榄油并用中高火加热。加入洋葱、甜椒、芹菜和辣熏肠，翻炒 5 至 10 分钟直至蔬菜变软。

将熟米饭、辣椒粉、黑胡椒粉、牛至、洋葱粉、百里香、大蒜盐和月桂叶加入其中。，再加入鸡肉原汤、水、番茄酱、辣椒酱和番茄丁，并煮沸。盖上锅盖，转小火，炖煮 20 至 25 分钟。

加入虾、金枪鱼和蛤蜊，继续炖煮 5 分钟。

静置 5 分钟。将月桂叶捞出后，往饭中拌入欧芹。

万岁！万岁！父神大衮！

金枪鱼塔塔
4 人份

材料
3 又 3/4 磅超新鲜的金枪鱼肉排

1 又 1/4 杯橄榄油

5 个青柠的果皮

1 杯鲜榨青柠汁

2 又 1/2 汤匙酱油

2 汤匙红辣椒酱（如塔巴斯科牌；非必选）

2 又 1/2 汤匙犹太盐

1 又 1/2 汤匙现磨黑胡椒粉

1 杯大葱碎末，葱白和葱花混合

3 又 1/4 汤匙剁碎的新鲜墨西哥胡椒，去籽（非必选）

5 个成熟的哈斯牛油果

1 又 1/2 汤匙熟芝麻

煮熟的米饭或藜麦饭，供食用

4 片鲜切菠萝

做法
将金枪鱼切成 1/4 英寸的肉丁，放在一个大碗中。

另准备一个碗，在其中混合橄榄油、青柠皮、青柠汁、酱油、红辣椒酱（非必选）、盐和黑胡椒粉。将混合酱汁倒在肉丁上，加入葱末和墨西哥胡椒末并搅拌均匀。

将牛油果切成两半，去籽去皮，再切成 1/4 英寸的果块。
将牛油果的果块加入肉丁混合物中。

加入适量的熟芝麻。将混合物放入冰箱冷藏至少 1 小时，使其入味。

将混合物捏成 2 又 1/2 英寸大小的球状物，放在米饭或藜麦饭上食用。

在每个球状体的顶部放置一片菠萝。

酥炸深潜者

蟹饼
4 人份

材料

1 个大鸡蛋

1 汤匙上好的蛋黄酱

1 茶匙老湾调味料

1/4 茶匙盐

1 茶匙切碎的新鲜欧芹

1 磅大块蟹肉（处理方式详见下文）

1/2 磅新鲜三文鱼

1 又 1/2 汤匙未经调味的面包糠，可按需增量

3 汤匙无盐黄油，用于烹饪

柠檬角，用于挤汁

注： 将蟹肉剔出蟹壳，去除一切外壳以及尖锐的软骨。

做法

在烤盘里铺上一层铝箔。

将鸡蛋、蛋黄酱、老湾调味料、盐和欧芹放进一个大碗里，搅拌均匀。

往碗中加入蟹肉、三文鱼和面包糠，轻轻地搅拌至彻底融合，注意不要将蟹肉切得过碎或过薄。

压出八个圆饼（每个约 1/2 杯的分量，厚度控制在 1 英寸以内），放在准备好的烤盘上。

覆盖烤盘，冷藏至少 1 小时，以便在煎炸时保持其形状不散。

在大号不粘锅或平底锅里加热黄油，然后将蟹饼每一面各煎约 4 分钟，直到两面的表皮都煎成金色。

不要过度移动蟹饼，否则会散开。小心溅油伤手。

柠檬角挤汁，即可上桌。

星海之鱼

田园彩椒烤红鲷鱼
4人份

材料

2整条红鲷鱼，洗净并去除内脏

15个蒜瓣，切碎

少量的盐，可按需增量

2茶匙孜然粉

2茶匙香菜粉

1茶匙黑胡椒粉

1茶匙漆树粉

1/2杯切碎的新鲜莳萝

4个甜椒，选用不同颜色的，并切成圆片

2个大番茄，切成圆片

2个中号红洋葱，切成圆片

橄榄油，用于涂抹烤盘和淋油

2个柠檬

做法

将烤箱预热至华氏 425 度。

将鲷鱼拍干水分。用大刀在鱼身两侧各划两个花刀。

将蒜末和盐进行混合。
在鱼的花刀处和体内涂抹混合物。

将孜然粉、香菜粉、盐、胡椒粉还有漆树粉放入小碗中混合，制成混合香料。

用四分之三的混合香料对鲷鱼的体表两侧进行调味；从你之前切开的花刀处入手，将香料轻轻拍入鱼肉中。剩余的四分之一混合香料先放置一边。

将切碎的莳萝和足量的甜椒片、番茄片和红洋葱片塞入鱼身内，并把塞满蔬菜的鱼放到涂了少许油的烤盘上。

将剩下的蔬菜布置在鱼的周围，在蔬菜上撒上少量的盐和剩余的混合香料。

在鱼和蔬菜表面淋上大量的橄榄油。将烤盘放在烤箱的下层烤架上。烘烤 25 分钟，直到鱼的表皮变脆。

将烤鱼移至盘中，将一个柠檬挤汁，淋到鱼上。
沿着之前切开的花刀，将整条鱼切成四份并分装。

将另一个柠檬切成角状，可在食用时挤汁。

无形之子意大利面

虾肉拌墨鱼汁意大利面

3 人份（每人 4 份面团）

材料

1/2 磅墨鱼汁意大利面

4 汤匙柠檬汁

2 汤匙橄榄油

2 个蒜瓣，切碎

2 汤匙刺山柑

2 杯鸡肉汤

1/2 茶匙牛至

1/2 茶匙欧芹

1 茶匙迷迭香盐

5 汤匙无盐黄油

1 磅虾肉，去壳，去肠线

3 包（10.5 盎司装）做面包棒的面团

1 杯对半切开的樱桃番茄

做法

将烤箱预热至华氏 375 度。

根据包装说明烹制意大利面。煮熟后沥干水分，冲洗，放入大碗中，搁置一边。

另起平底锅，往锅中加热油，将蒜末和刺山柑煸炒 3 分钟。

加入鸡汤、牛至、欧芹和盐，煮沸。再放入黄油，然后熬煮使之变稠。最后加入虾肉，让虾肉表面均匀地裹上汤汁，在炖煮的同时翻动虾肉。

在黄油进行收汁的同时，将做面包棒的面团在玛芬蛋糕的烤盘中捏成小碗状。

将意大利面与柠檬黄油酱汁和虾肉拌在一起。

在碗状的面团里装上拌好的意大利面；用钳子夹住意大利面，摆出"手臂"的样子。

将烤盘放入烤箱加热 10 分钟后取出，加入切半的樱桃番茄作为点缀。

唤起敦威治三明治的恐怖

两片面包夹住的恐惧

1人份三明治

材料

1个圆形椒盐面包

1个完整的橄榄，塞满山羊奶酪

1磅嫩烤牛肉，切成薄片

3至5根腌黄瓜条，去皮

1个烤红辣椒

1杯完整的杏仁片

1块瑞士奶酪，熟食切片，粗略地撕成圆形

罗勒青酱，用于淋汁

做法

沿着上层椒盐面包的顶部中心切出四角星形，
在切口正中央插上一个塞满山羊奶酪的橄榄。

将烤牛肉堆放在下层面包上。将腌黄瓜条在牛肉上错落放置，要让腌黄瓜条像触角一
样伸出面包的边缘，伸到盘里。

在牛肉和腌黄瓜条的上面放置烤辣椒，将辣椒的开口部分朝向面包的前端。将杏仁片
巧妙地插入其中充当"牙齿"。

将奶酪片放在最上面，并将下层面包放在微波炉或烤箱中，加热熔化奶酪。

淋好罗勒青酱，放好上层面包，三明治就做好了。

拜亚基皮塔饼

皮塔饼三明治

6 人份

皮塔饼材料

1 个中号洋葱，多备一些洋葱末供食用

2 磅磨碎的羊羔肉末

1 汤匙蒜末

1 汤匙干牛至

1 汤匙干迷迭香粉

2 茶匙犹太盐

1/2 茶匙现磨黑胡椒粉

1 块黏土砖，和你家的吐司烤盘大小相同，事先用铝箔纸包好

6 块皮塔饼，供食用

切片番茄，供食用

菲达奶酪，供食用

希腊酸奶黄瓜酱材料

16 盎司纯酸奶

1 根中号黄瓜，去皮去籽，切成细末后沥干

1 小撮犹太盐

3 瓣大蒜，切成蒜末

1 汤匙橄榄油

2 茶匙红酒醋

6 片薄荷叶，切成碎末

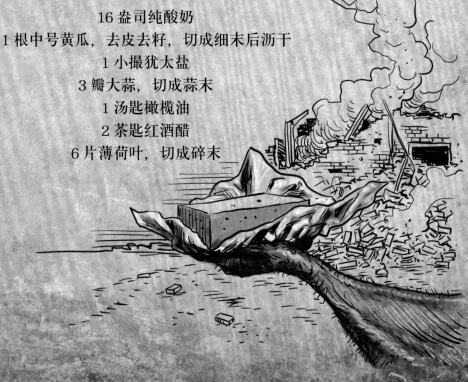

做法

提示： 准备一个食品温度计。

将洋葱放入食物料理机中进行处理，用毛巾沥干。

在料理机中加入沥干的洋葱、羊肉、大蒜、牛至、迷迭香、盐和胡椒粉，
彻底加工成糊状。

将烤箱预热至华氏 325 度，将包好铝箔的砖头放入烤箱。

将混合物平铺在面包烤盘中，确保烤盘的边缘不留空隙。将烤盘水浴，
放入烤箱中烘烤 1 小时，直至混合物内部温度达到华氏 165 度。

从烤箱中取出混合物，沥油。将铝箔包裹的砖头直接压在混合物表面，
放置 15 至 20 分钟，直到混合物内部温度达到华氏 175 度。

将混合物切片，放置皮塔饼上，再配上希腊酸奶黄瓜酱、洋葱末、番茄片和菲达奶酪。

希腊酸奶黄瓜酱：准备一个中号搅拌碗，将酸奶、黄瓜、盐、蒜末、
橄榄油、醋和薄荷叶碎末进行混合。

可供打包带走的米·戈

波特贝罗菇三明治

4人份

材料

4个大大的波特贝罗菇

特级初榨橄榄油，用于上油

2小撮盐

2小撮现磨黑胡椒粉

2小撮大蒜粉

2个大番茄

4片浓味或烟熏味的切达奶酪

2个恰巴达面包，切片

4个大腰果，煮熟或浸泡一夜

4颗黑莓

1枝新鲜百里香

1汤匙新鲜莳萝

做法

蘑菇去茎并清洗。

将特级初榨橄榄油淋在蘑菇的两面。

取盐、胡椒粉和大蒜粉各一撮，对蘑菇的两面进行调味。

将蘑菇放在中号平底锅里，用大火煎一下两面，大约5分钟。

将番茄切成片状，与杏鲍菇大小相同。

对番茄片采用与蘑菇相同的处理方法。用特级初榨橄榄油来上油，两面各加一撮盐、胡椒粉和大蒜粉调味。

在每个蘑菇上面放一片番茄片，盖上平锅盖的锅盖。

过2分钟，让番茄片焖软。

在番茄片上面加入切达奶酪片。再次盖上锅盖，将平底锅从火上移开，等待奶酪受热完全熔化。

将加了番茄和奶酪的蘑菇片从锅中取出，将每一份馅料放在一片恰巴达面包上，
再挨个将腰果、黑莓搭配百里香、莳萝一同摆放。
最后，将平底锅煎出的浓汁淋在三明治的馅料上，并趁热享用。

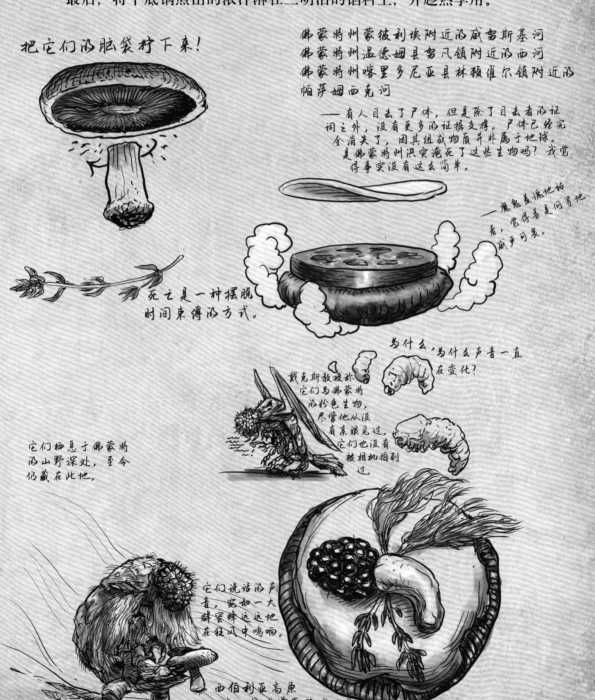

把它们的脑袋拧下来！

佛蒙特州蒙彼利埃附近的威努斯基河
佛蒙特州温德册县多凡镇附近的西河
佛蒙特州喀里多尼亚县林顿催尔镇附近的
帕萨姆西克河

——有人目击了尸体，但是除了目击者的证
词之外，没有更多的证据支撑。尸体已经完
全消失了，因其组成物质并非属于地球。
是佛蒙特州洪灾淹死了这些生物吗？我觉
得事实没有这么简单。

——魔鬼盘据此地话
看，觉得善是何等地
感更可畏。

死亡是一种摆脱
时间束缚的方式。

为什么，为什么声音一直
在变化？

戴克斯教授称
它们为佛蒙特
的粉色生物，
尽管他从没
有亲眼见过，
它们也没有
被相机拍到
过。

它们栖息于佛蒙特
的山野深处，至今
仍藏在此地。

它们说话的声
音，宛如一大
群蜜蜂远远地
在狂风中鸣响。

西伯利亚高原
米·戈 "憎恶的雪人"
基于1952年丁·贝兰多日记里的描述而绘制。

161

威尔伯·沃特雷的敦威治三明治

慢炖锅手撕猪肉三明治

8人份

材料

1个（9磅）带骨的烤猪肩肉

1瓶（12盎司）蜂蜜黑啤酒（如山姆·亚
当斯牌奶油司陶特）

1杯苹果醋

1又1/2瓶（18盎司）牛眼牌原味烧烤酱

1/3杯红糖

适量的大蒜粉

适量的洋葱盐

适量的卡宴辣椒粉

适量的红椒粉

1瓶（18盎司）牛眼牌烟熏味烧烤酱

8片波士顿黑面包

若干三明治专用的腌酸黄瓜

做法

将烤肉与啤酒和苹果醋一起放入炖锅中。

取一瓶原味烧烤酱，先倒在烤肉上，确保烤肉露出液体表面的部分完全沾满酱汁。
再将多余的烧烤酱直接倒入锅中，确保烤肉的剩余部分能够入味。

将烤肉用小火慢炖12小时，炖到酥烂为止。

尽可能取出烤肉的骨头，然后切丝，过程中再次确认骨头是否剔除干净。

将烤肉移到砧板上并切成丝。
在倒掉锅中的汤水之前，取出2/3杯的量倒入一个大碗中。

在大碗中加入红糖、大蒜粉、洋葱盐、卡宴辣椒粉、红椒粉、烟熏味烧烤酱和1/2瓶
原味烧烤酱，搅拌均匀。将猪肉丝也放入碗中，和酱料充分混合。

将混合了酱料的猪肉放回炖锅中，加热至可直接食用。

将适量的猪肉丝放在波士顿黑面包厚切片上，并在肉丝层上放好腌酸黄瓜。

印斯茅斯壳中肉

培根烤生蚝

2 人份

材料

12 只切萨皮克湾生蚝

2 杯切碎的菠菜

1 杯切碎的芝麻菜

2 个洋葱

1 个蒜瓣

3 条煮熟的培根

1 汤匙无盐黄油

鲜榨柠檬汁

2 汤匙辣酱

1/4 杯格鲁耶尔奶酪碎

1/4 杯帕玛森奶酪碎

做法

将烤箱加热到华氏 450 度。

将去壳的生蚝放在覆盖锡纸的烤盘上。

将菠菜、芝麻菜、洋葱、大蒜和培根切碎。除培根以外，其余食材全部放入平底锅。

开中火，用黄油嫩煎，煎至菠菜变软。

往锅中加入培根，淋上柠檬汁和辣酱，轻轻搅拌加热培根。

将锅中的混合物放在生蚝上，再撒上奶酪碎。放入烤箱，烤 10 分钟，生蚝方可食用。

红烩修格斯炖牛肉

番茄炖牛肉配修格斯土豆球

4 人份

材料

1 又 1/3 磅碎牛肉

2 茶匙盐，可酌情多备一些

适量的黑胡椒粉

1/2 杯切丁甜洋葱

1/2 杯，切成细丝的青椒

1 个蒜瓣，切碎

1 罐（14.5 盎司）番茄丁，沥干水分

8 盎司意大利番茄酱

3 杯预煮过的土豆泥，经过冷藏保存

1/2 杯切达奶酪丝

4 条培根，切碎

1/4 至 1/2 杯牛奶

2 盎司珍珠洋葱

2 盎司煮熟的黑眼豆

红椒粉，用于撒粉

喷雾油（如帕玛牌）

做法

炖牛肉：准备一个大平底锅，将牛肉、盐、胡椒粉、洋葱丁和青椒丝放入锅中，用大火将牛肉煮至变色。

沥出锅中的汁水，放置一旁备用。

转为中火，往锅中加入大蒜、沥干的番茄丁和番茄酱，直至完全熟透。

将牛肉和蔬菜一同装入盘子中。

修格斯土豆球：将烤箱预热至华氏 425 度。

将预煮过的土豆泥与炖牛肉沥出的汁水混合，并加入切达奶酪丝、培根和盐。

将混合物捏成四个圆球。如果土豆球结块或难以成形，可酌情添加少量牛奶，以便土豆球定型。

将珍珠洋葱和黑眼豆随机地嵌入土豆球的表面，必要时可将其切成圆形。

将土豆球放在涂过油的烤盘上。轻轻撒上红椒粉以增色，并在土豆球表面喷上喷雾油。

土豆球烘烤约 20 分钟，直至其变为金黄色，内部熟透。

将土豆球摆放在炖牛肉上方食用。

白葡萄酒炖变异白企鹅

企鹅（鸡）胸肉

4 人份

材料

4 块带骨去皮的巨型白化企鹅胸脯肉
（鸡胸肉也行）
1/4 杯醋
1/2 茶匙盐，可酌情加量用于增味
1/2 茶匙现磨黑胡椒粉，
可酌情加量用于增味
1 杯白葡萄酒（雷司令干白或霞多丽），
可酌情加量

4 条培根，切碎
3 个蒜瓣，切碎
1 个白洋葱，切成细末
1 磅波特贝罗菇，切成片状
1 杯重奶油
切碎的欧芹，用于摆盘装饰
煮熟的米饭或意大利面，供食用

做法

将企鹅胸脯肉放进一个大碗里，加入醋、盐和胡椒粉，并倒入足够的白葡萄酒，
完全覆盖胸脯肉。将泡酒的肉块加盖密封放入冰箱中腌制 3 天。
如果你用胸脯肉代替，可跳过该步骤。

用纸巾将胸脯肉擦干，加盐和胡椒粉调味，放置一边备用。

准备一个大平底锅，用中火将培根煸炒 3 分钟。
用煎培根产生的油脂将大蒜煎上约 2 分钟，直至大蒜变色。

加入洋葱和蘑菇，煎上约 6 分钟，直至培根变脆。将锅中物盛出，放置一边备用。

往平底锅中加入胸脯肉，用大火烧开。将培根和蔬菜放回锅中，约 3 至 4 分钟将胸脯
肉煮透。如有需要，可再加入白葡萄酒和一小撮盐。加盖炖 15 至 20 分钟。

加入奶油和一小撮胡椒粉，再炖 4 至 5 分钟。

将肉块装盘，淋上汤汁，放上欧芹，搭配米饭或意大利面一起食用。

旧日支配者的咖喱马屁

慢炖红薯咖喱鸡

4 人份

材料

1 茶匙姜黄粉

1/2 茶匙香菜粉

1/2 茶匙盐

1 汤匙糖

3 汤匙甜咖喱粉

2 磅鸡胸肉

2 罐（15 盎司）椰奶

2 汤匙无盐黄油，多备一些用于给慢炖锅涂油

2 个蒜瓣，碾碎

3 个红薯，切成 1 英寸小块

1 个中等大小的甜洋葱，切成 1 英寸小块

3 个腌制的红甜菜，切成 1 英寸小块

煮熟的泰国香米，供食用

做法

准备一个小碗，将姜黄粉、香菜粉、盐、糖和甜咖喱粉充分混合。

将鸡胸肉放入内部涂有黄油的慢炖锅中，炖锅容量在 4 至 6 夸脱为宜。
加入 3/4 杯水和 2 罐椰奶，同时确保鸡胸肉不要粘连锅底，以防止炖焦。
往锅中加入黄油和大蒜，再放入先前调制的混合物。搅拌以便食材充分融合，
吸收味道。
再放入红薯、洋葱和甜菜，搅拌均匀。
盖上锅盖，将炖煮时间设置为低温档 6 至 8 小时，或高温档 4 至 6 小时。
搭配泰国香米一起食用。

古老者之宿命

茄子帕尔玛

4 人份

材料

1 个大茄子	8 盎司马苏里拉奶酪
5 个大鸡蛋	4 盎司切达奶酪
1/2 杯中筋面粉	2/3 杯全脂牛奶
1 杯特级初榨橄榄油	1/3 杯重奶油
1 又 1/2 杯意式风味面包糠	1/4 茶匙大蒜粉
1 大罐意式番茄罗勒酱	1/4 茶匙洋葱粉
1 个杨桃	

去除茄皮，
保留外部肌理。
茄子内部
无须清理。

泰克利一利！

表面横切
几刀，有助于
顺利将茄肉取出。

做法

清洗茄子，切掉茄子顶部 1 至 2 英寸的部位，将切下的部分放置一边。
垂直切进茄子，切一圈，让茄肉与表皮分离，保留外皮，同时要保持茄子底部完整。

在茄子外皮表侧垂直地切四刀，沿着茄子开口处往下 1/2 英寸的位置开始切，
一直切到距离底部还有 1 英寸左右的位置，刀口大约 1/4 英寸宽。
切完之后，你可以通过表皮看到内部。

将取出的茄肉切成小块，大小控制在一口能吃掉的程度。

将茄肉块放在纸巾或烤盘用纸上，撒上盐腌 10 分钟，拍干茄肉块的水分。

准备一个大碗，将鸡蛋搅拌至起泡。另准备一个容量较大的容器，
将面粉和面包糠混合搅拌。

将蛋液涂在茄肉块的表面，再裹上面包屑混合物。
在平底锅中将橄榄油加热至中高火，放入茄肉块煎至变色，
将茄肉块放到纸巾上备在一旁。

在平底锅中用小火熔化奶酪，然后加入牛奶和奶油，耐心地搅拌均匀，
再加入大蒜粉和洋葱粉。

另准备一个小平底锅，加热意式番茄罗勒酱。

从杨桃的中间部分横切下一片 1/2 英寸厚的果肉，去其外皮。

吃法

将空心茄子直立，放在盘子中央。在其周围倒上意式番茄罗勒酱。将熔化的滚烫奶酪
倒入空心茄子中，奶酪会沿着侧边切开的缝隙流出，在茄子周围摆放煎好的茄肉块，
并在茄子顶部加上杨桃片。可以将茄肉块蘸着奶酪吃，或直接用勺子舀着吃。

肮脏的拉斐

炸豆丸子

4 人份

材料

1 杯干鹰嘴豆

1 杯简单切碎的洋葱

2 汤匙切碎的新鲜欧芹

2 茶匙盐

1 茶匙小茴香

1 茶匙干红辣椒

4 个蒜瓣

1 茶匙发酵粉

4 至 6 汤匙中筋面粉

1 包或 1 罐玉米笋

植物油，足够倒入锅中 3 英寸深

4 块皮塔饼

番茄切片，用于装饰

洋葱切丁，用于装饰

绿甜椒切丁，用于装饰

腌过的大头菜，用于装饰

生芝麻酱，用于淋汁

做法

将鹰嘴豆放入一个大碗中，加入足量的冷水，水位至少达到 2 英寸深。

浸泡豆子一整晚，沥干水分。也可以直接用罐装的干鹰嘴豆来省去该步骤。

将沥干的鹰嘴豆和洋葱放入带有搅拌刀片的料理碗中。加入欧芹、一茶匙盐、小茴香、辣椒和大蒜。用料理碗处理混合，但不要打成糊状。

在混合物中撒入发酵粉和 4 汤匙面粉，再次搅拌。面粉的量要足，才能做出不粘手的面团。如果面团的水分太多，可添加更多面粉。

将做好的面团放入碗中，加盖冷藏至少 2 小时。

准备一个大锅，烧开水，放入玉米笋和一茶匙的盐，煮 4 至 6 分钟，直到玉米笋变软。

将玉米笋放在纸巾上晾干并冷却。

将面团取出，捏成 1 又 1/2 英寸的小丸子，大约捏出 20 个。

在深锅、平底锅或炒锅中倒入油，油位至少达 3 英寸深，加热至华氏 375 度，煎一个丸子来测试一下。

如果丸子散开了，就要多裹一点面粉来定型。确保丸子每一面都炸上几分钟，表面呈现金黄色，再用纸巾吸干丸子的油。

取半个皮塔饼，塞入油炸丸子、番茄片、洋葱丁、绿甜椒丁和腌制的大头菜。

将玉米笋纵向切成 4 个长条，将长条挂在皮塔饼上作为装饰，最后淋上生芝麻酱。

克苏鲁古斯米烩饭

金枪鱼古斯米烩饭

4 人份

材料

1/2 的包装或罐装玉米笋，将每根玉米笋
仔细地纵向切成四条，用于装饰

1 茶匙犹太盐，适量多备一些

1 杯以色列古斯米

4 盎司金枪鱼，沥干水分，切成薄片

1 茶匙柠檬皮

1/4 杯橄榄油

1/4 杯去核的黑橄榄，切成环状薄片

1 汤匙刺山柑，沥干

1 杯意大利松子青酱

1/4 杯切丁烤红椒

1 个蒜瓣，切碎

1 茶匙现磨黑胡椒粉

1/4 杯鲜榨柠檬汁

1 杯切碎的大葱

做法

准备一个中号锅，用大火烧开水，加入切成条状的玉米笋和盐，
煮 4 至 6 分钟，将玉米笋煮软。

将玉米笋放在纸巾上晾干冷却。
在中号锅里倒入 4 杯水，用大火烧开，加入古斯米。转小火，盖上锅盖，
炖煮 15 分钟，将古斯米煮到发软，并沥干水分放置一边。

准备一个大碗，将金枪鱼、柠檬皮、橄榄油、黑橄榄、刺山柑、意大利松子青酱、烤
红椒、大蒜以及盐和黑胡椒粉混合在一起。将热的古斯米趁热倒入混合物中进行搅拌。

给碗加盖，放置 10 至 15 分钟，期间偶尔搅拌一下。

用餐前，往碗中加入柠檬汁、葱，如有需要可加入多备的盐。
用切条的玉米笋装饰古斯米烩饭，沿着碗半挂在外面。

未知之物卡索格萨金丝瓜

烤金丝瓜

4 人份

材料

1 个大大的金丝瓜

适量的盐

适量的现磨黑胡椒粉

2 汤匙红糖

2 汤匙特级初榨橄榄油

1/4 杯切成细丝的新鲜罗勒叶

1 瓣大蒜，切成细末

1/4 杯磨碎的帕尔玛奶酪，多备一些用于装饰

2 个成熟的番茄，对半切开

3/4 杯马苏里拉奶酪丝

做法

将烤箱预热至华氏 375 度，将金丝瓜对半切开，去籽。将切开的金丝瓜都放入一个高边的烤盘，并用盐和胡椒粉进行调味。将每块金丝瓜都倒扣着放置，并均匀地将 1 杯水倒入烤盘中。将烤盘放入烤箱烘烤约 1 小时，直到金丝瓜烤至发软。将烤盘取出，将倒扣的金丝瓜翻转，朝上放置，放入红糖调味，放置一会儿，让金丝瓜降温，最后变为温热的状态。用叉子将金丝瓜的瓜瓤从瓜皮上刮下来，刮出面条的形状。将刮下的金丝瓜丝沥干，沥掉多余的液体。

准备一个饼干烤盘或普通烤盘，涂抹少量的橄榄油。

准备一个大的混合碗，加入金丝瓜丝、橄榄油、罗勒叶细丝、大蒜，放入适量的盐、胡椒粉和帕尔玛奶酪碎，让瓜丝均匀地包裹上调料。将瓜丝分成 4 堆，放入烤盘中。将对半切开的四块番茄压在瓜丝堆的顶部，再撒上马苏里拉奶酪丝和现磨的帕尔玛奶酪碎。放入烤箱烘烤 30 分钟，直到奶酪冒泡并变色，上桌。

不可命名之配菜

奶油烩菠菜配珍珠洋葱和小白菜

4 人份

材料

2 汤匙橄榄油

3/4 杯切碎的珍珠洋葱

3/4 杯切碎的菠菜

1/3 杯切成细条状的小白菜

适量的犹太盐

适量的现磨黑胡椒粉

1 小撮肉豆蔻

1 汤匙中筋面粉

1/2 杯牛奶

3/4 杯科尔比杰克奶酪丝

做法

准备一个大平底锅，倒入 1 汤匙的橄榄油，中高火加热。

往锅中加入洋葱，炒至半透明且边缘变色。

加入菠菜、小白菜、盐和适量的胡椒粉以及肉豆蔻，煸炒 5 分钟，将菠菜炒到熟软。

将平底锅从火上移开，放置一边。

另起一个大锅，倒入剩余的橄榄油，用中火加热。往锅中倒入面粉并搅拌，煮至冒泡（约 2 分钟，期间要持续搅拌）。慢慢倒入牛奶，继续搅拌，直到面粉再次冒泡。

将大锅从火上移开，加入奶酪，并搅拌奶酪至熔化、黏稠。

将平底锅中的蔬菜混合物也放入大锅中，搅拌至混合均匀，可酌情添加多备的盐和胡椒粉。

丘丘人腌什锦菜

烤花椰菜拌辣椒酱

6 人份（大约可以做 6 碗的量）

材料

1 个花椰菜头

2 个小小的黄洋葱，切丁

1 杯蒸馏白醋

1 杯新鲜柠檬汁

2 茶匙犹太盐

1/2 杯糖

1/2 茶匙干红椒碎末

2 个黄甜椒，切丁

2 个红甜椒，切丁

8 个香蕉辣椒，切丁

2 汤匙新鲜剁碎的百里香

1 盎司扎伊达牌罐装辣根

做法

将花椰菜头放在一个大锅中。加入洋葱、醋、柠檬汁、盐、糖、红椒碎和 1 杯水，煮沸后转小火慢炖，大约炖一个小时，期间偶尔搅拌一下，炖到锅中混合物收汁到 1 又 1/2 杯的量。

放入各类辣椒进行搅拌，煮 5 分钟，期间偶尔搅拌一下。将大锅从火上移开，静置 30 分钟。

往锅中加入百里香和辣根并搅拌均匀。花椰菜应煮得熟软，才能与其他食材更好地结合。立即上桌。

亦可冷藏 3 天，但在食用前要加入新鲜的百里香和辣根。

埃里奇·赞的麦片粥

听起来真美味！

4 人份

材料

1 又 1/3 杯早餐燕麦片

1 杯牛奶（全脂、椰子或杏仁味的都可以）

1 又 1/3 杯香草味或原味全脂酸奶

4 个澳洲青苹果，多备一些用于装饰

1/4 杯杏仁片，多备一些用于装饰

1/2 杯草莓干

1/2 杯蓝莓干

1/4 杯葵花子

4 茶匙蜂蜜

做法

将早餐燕麦片在牛奶中浸泡 10 分钟。

当燕麦吸收了大部分牛奶后，加入酸奶。

用奶酪磨碎器将两个苹果磨碎，加入燕麦中，并将剩下的两个苹果切成小片，
大部分也都放进去。

将所有莓干和种子以及半份杏仁片搅拌进燕麦里，淋上蜂蜜。

在燕麦表面放上多备的苹果片和剩余的杏仁片。

加盖冷藏一夜。

酵母酱味克苏鲁

事关嬗除……

1 人份

材料

2 片黑麦粗面包

2 茶匙无盐黄油

2 汤匙维吉麦酵母酱（马麦酵母酱或辣味西梅酱）

2 杯豆芽菜

2 个大大的鸡蛋

准备工作

在两片面包的中心都挖一个洞，挖出的面包可以直接丢掉。

在两片面包上都刷上一点黄油和维吉麦酵母酱（适量）。

准备一个大平底锅，用中火将剩余的黄油熔化，将面包放入平底锅煎。

在面包周围撒上半份的豆芽，偶尔搅拌翻动一下。

小心翼翼地打破鸡蛋，并将两个鸡蛋的蛋液分别倒进两片面包的洞中，尽量保持蛋黄完整。

用中火继续煎大约 2 分钟，将两片面包翻面。
洞里的鸡蛋应该已经凝固，因此可以跟着面包一同翻面而不会散掉。

翻面后，在面包上再刷一些黄油和维吉麦酵母酱。

大约再过 1 分钟，将面包片装盘，将剩下半份未煮熟的豆芽摆盘装饰。

食尸鬼尤加西黑米粥

在漫长寒冷的冬季早晨，这道食谱是绝佳的选择，但请注意，虽然你的肚子也许会得到温暖的慰藉，但是灵魂却可能深受其扰。

1 人份

材料

1 杯黑米

1 小撮盐

1 杯全脂牛奶

2 茶匙糖

1/2 茶匙香草精

黑色食用色素

白色糖霜（非必选）

黄油、奶油和红糖作为装饰，或任选其一（非必选）

做法

首先，将黑米淘洗干净，并用水浸泡一夜，以便煮的时候能够熟得更快，口感更软。

在煮黑米前，还要再淘洗一次并沥干水分。

将黑米放入一个大锅中，加入 2 杯水和盐，煮沸后转为小火。
用密闭的锅盖盖住锅，煮大约 20 分钟。

往锅中加入牛奶、糖和香草，不加盖地再煮大约 20 分钟，期间不断搅拌。

此时，你可能会发现黑米粥是深紫色而不是黑色的，这取决于你前晚淘洗得够不够干净。往黑米粥中加入几滴黑色食用色素，使黑米的颜色变黑到理想的程度。

继续煮，偶尔检查一下熟软程度。

煮好黑米的口感应该是软软的、略带嚼劲。

用勺子将黑米粥舀到碗里食用，如有需要，可淋上糖霜。你也可以按需添加其他的装饰配料，例如新鲜黄油、奶油或红糖。

旧日支配者面包

十字面包
12 个面包

面包材料

1 汤匙活性干酵母

3 杯中筋面粉

1 汤匙速溶奶粉

1/4 杯糖

1/2 茶匙盐

1 个鸡蛋

1 个蛋清

3 汤匙无盐黄油，软化，多备一些用于给烤盘上油

3/4 杯小红莓干

1 茶匙肉桂，多备一些用于撒粉

1 个蛋黄

糖霜材料

1/2 杯（制糖霜用的）糖粉

1/4 茶匙香草精

2 茶匙牛奶

做法

将 3/4 杯温水（温度大约为华氏 110 度）和酵母放在立式搅拌机的碗里，混合搅拌大约 5 分钟。

加入面粉、奶粉、糖、盐、鸡蛋和蛋清。
用面团钩以低速搅拌面团 10 分钟。

加入软化的黄油、小红莓干和肉桂，再搅拌 5 分钟。
将面团转移到一个涂了油的碗里，加盖放置大约 1 小时，让面团膨胀到两倍的大小。

在撒了面粉的案板上将面团揉至表面光滑，盖上盖子，静置 10 分钟。
将面团分成 12 份，分别揉成球状的面团，放在抹油的 9 英寸 ×12 英寸烤盘上。
加盖，在温暖的地方放置大约 40 分钟，让面团膨胀到两倍的大小。

将烤箱预热至华氏 375 度。

将蛋黄和 2 汤匙水混合，然后刷在每个面团上。

取一把锋利的刀，在每个小面团的顶部轻轻划上一个十字切口。
往每个面包的十字切口处撒上少量的肉桂。

在预热的烤箱中烘烤 15 至 20 分钟。

立即从烤盘中取出烤好的面包，放在金属丝架上冷却。

制作糖霜：将糖粉、香草精和牛奶混合在一起，涂抹到每个面包的切口上。

大衮燕麦酥

苹果烤酥块

16 块酥块

材料

2 杯早餐燕麦片

1 又 1/2 杯中筋面粉

12 汤匙（1 又 1/2 根黄油棒的量）无盐黄油，熔化

1 茶匙肉桂

1/4 茶匙盐

1/2 茶匙小苏打

1/4 茶匙肉豆蔻

1 杯黄糖，盛杯的时候要压实

1 杯苹果酱

1/2 杯杏仁碎

6 条煎熟的培根，切碎

1 茶匙糖粉

做法

将烤箱预热至华氏 350 度。

准备一个大的混合碗，苹果酱、杏仁碎、培根碎和糖粉先搁置一边，将剩余的其他材料放入碗中搅拌，让混合物均匀地吸收水分。取出 1 杯混合物，放在一边。

将剩余的混合物倒入抹油的 9 英寸 ×13 英寸烤盘中，按压均匀。烘烤 15 分钟，使之表面结成硬壳。

将烤盘从烤箱中取出，将苹果酱和杏仁碎铺在上面。

加入培根碎。

将剩余的 1 杯混合物铺在上面，在最上层撒糖粉。
烘烤 12 至 15 分钟，再取出再放置至少 15 分钟，使其完全冷却。

将烤酥切成方块状。

长袍邪教徒

肠仔包
6 人份（儿童的量）

材料
12 根早餐香肠
1 包（8 盎司）饼干或羊角面包卷专用面团
黄芥末酱、番茄酱或烧烤酱，用于蘸酱

做法
将烤箱预热至华氏 375 度。

用一把锋利的尖刀，将每根香肠的下半部位纵向对半切开，转动香肠，
再切一次，注意不能直接切断。

如果你愿意，你可以在切成四瓣之后再对半切（同样是纵向切，切出 8 条"腿"来）。

从面团上切下薄薄的一条，切下的面团应该比香肠稍长。

将面团包在切好的香肠周围，裹住香肠未切开的上半部位，成为"长袍"的"帽兜"，
其余部分的面团则在切开的下半部位松散地包裹即可。

往包裹了面团的香肠上横向插入两根牙签，插入的牙签形成一个 X，且插入点要位于
下半部位切口的上方。
将每根香肠竖直放入玛芬蛋糕烤盘的模具凹洞中。

准备小刀或者一根牙签，将香肠的每一条"腿"都均匀地展开，这样才便于每根香肠
底部刚好卡进凹洞中。

在预热的烤箱中烘烤 13 分钟后取出，面团需烤至金黄色。

用芥末酱、番茄酱或烧烤酱作为配酱，蘸酱食用。

伊格布丁

是谁结合了蛇之父和巧克力

布丁……是我们!

8人份

材料

1袋（3.9盎司）巧克力味免煮布丁粉

2杯冷牛奶

2盎司巧克力碎

马拉斯奇诺樱桃，多备一些用于装饰

16条毛毛虫软糖

做法

将布丁粉倒入一个大碗中，加入冷牛奶。

搅拌布丁粉和冷牛奶，直到完全溶解，质地丝滑且不结块。
静置大约5分钟，让混合物变成稠状。

往混合物中拌入巧克力碎和马拉斯奇诺樱桃。

将混合物均匀地分为8份，分别倒入杯子里。

取一把锋利的小刀，沿着毛毛虫软糖的一端切出一条缝来，让毛毛虫看起来像是凶猛地张着"嘴巴"。

在每个杯中的布丁上插入2条毛毛虫，让虫子的大部分部位都露在外面。
再放几个樱桃在布丁表面，让人能够看到。

食用前请先冷藏。

爱手艺奶酪通心粉

6 至 8 人份

材料

2 盒（7.25 盎司）卡夫牌奶酪通心粉

2 杯牛奶

2 汤匙无盐黄油

1 杯马苏里拉奶酪丝

2 又 1/2 杯特浓切达干酪丝

1 包（12 盎司）菠菜意大利宽面

1 杯冷冻豌豆

1/2 茶匙盐

1/4 茶匙现磨黑胡椒粉

做法

按照包装上的烹饪说明，用牛奶和黄油制作好两盒量的奶酪通心粉成品。
往通心粉的成品上撒奶酪丝。

按照包装上烹饪说明做好菠菜意大利宽面，建议把面煮到有筋道的口感，
让面本身带有一定的硬度。

将冷冻豌豆直接放入一小锅沸水中，并在它们仍然鲜艳时取出，不用煮得太软。

准备浅盘，往每个盘子里先铺上一层奶酪通心粉，再撒上一把菠菜意大利宽面，接着
放一些豌豆。然后再如法炮制，制作第二层面，确保每一层比下一层的面积都小一点。

如有需要，可用盐和胡椒粉调味，或任选其一。

修格斯热馕
4 人份

材料

1 茶匙无盐黄油

8 盎司披萨面团

1 杯番茄酱

1/2 杯切片的意大利香肠，注意切成厚片且每一片都切成四瓣

1/2 杯肉丸

1/2 杯马苏里拉奶酪丝

1/2 杯切达奶酪丝

做法

将烤箱预热至华氏 375 度。在浅底烤盘上涂抹黄油。

尽可能地将面团捏成千奇百怪的形状，挨个铺在烤盘上，
确保面团之间留出足够的距离，以便烘烤时不会互相碰触。

在每个面团上挤入大量的番茄酱，但是不要挤到面团的边缘处，

再撒上一些意大利香肠片，然后在面团的中央放上几个肉丸，
最后覆盖上马苏里拉奶酪丝和切达奶酪丝。

再捏出一层层的披萨面团，与铺在烤盘上的各个面团的形状大致相同，
挨个覆盖到每个面团上。

将两层面团的边缘捏在一起，或者卷起来，以便紧密贴合。面团表面如果有孔，
或两层面团没有完全重合，也无大碍。

在预热的烤箱中烘烤面团约 15 分钟即可，具体时间依面团本身的大小、
厚度和数量而定。

召唤奈亚拉托提普木薯珍珠布丁

石榴木薯珍珠布丁

4 人份

材料

3 杯全脂牛奶

1/2 杯速煮木薯珍珠

1/2 杯糖

1/4 茶匙盐

2 个鸡蛋，打散

1/2 茶匙香草精

1/4 杯石榴籽

1/4 杯黑莓果酱

12 颗红葡萄，去皮

做法

准备一个中型炖锅，将牛奶、木薯珍珠、糖和盐倒入锅中，中火煮沸，
期间需不断搅拌。转小火，再煮 5 分钟，边煮边搅拌。

将锅中加糖加盐的牛奶倒出 1 杯的量，再按照每次 2 汤匙的量，
分多次搅拌到打好的鸡蛋中，直到彻底融合。

将混合了鸡蛋的牛奶重新倒回锅中，与剩余的牛奶和木薯珍珠充分混合成布丁混合物。
用中低火将布丁混合物煮沸，煮 2 分钟并搅拌，直到布丁变得足够黏稠，
用勺子试一下，布丁能够均匀地沾在勺子的背面即可。

从火上移开锅子，往布丁中加入香草精和石榴籽并搅拌，将黑莓果酱倒进混合物中
（果酱在布丁表面呈现出条带状的效果）。最后加入去皮的葡萄。

布丁可以趁热食用，也可以倒进布丁杯里，冷藏几个小时后再食用。

犹格·索托斯棒冰

酸奶棒冰

8 人份

材料

8 个圆球形的棒冰模具

2 又 1/2 杯蓝莓或黑莓

2 汤匙龙舌兰糖浆，可酌情多备一些

2 杯全脂香草酸奶

做法

准备好棒冰模具（或冰格），打开模具的盖子备在一旁。

用料理机或搅拌机将蓝莓打成带有果粒的果泥。

将蓝莓果泥倒入一个大碗中。往碗中加入龙舌兰糖浆和香草酸奶，轻轻将其搅拌混合。如果要让棒冰的成品看起来带有扎染出来的旋涡花纹，搅拌的时候要注意保持蓝白分明，不可搅拌过度。搅拌物要浓稠不可过稀。可酌情多加一些龙舌兰糖浆来增加甜度。

将混合物均匀地倒入每个球形模具的下半部分，轻拍模具，使混合物完全贴合模具的形状，然后将模具的上半部分小心翼翼地与之合体。将剩余的混合物倒入一个塑料袋，剪掉塑料袋的一角，将混合物通过模具上半部分的插孔挤入模具之中，直到填满整个模具为止。这样一来，在每个球体里混合物的上下部分冻过之后，会产生不一样的口感。最后将木棍插入插孔中。

将模具冷冻 6 小时或一整夜。用温水冲刷模具，将棒冰从模具中取出即可。

月兽派

草莓果酱巧克力夹心派

可供 12 人食用

派材料

8 汤匙（1 根黄油棒的量）无盐黄油，软化

1 杯糖

1 个鸡蛋

1 杯淡奶

1 茶匙香草精

2 杯中筋面粉

1/2 茶匙盐

1 又 1/2 茶匙小苏打

1/2 杯无糖可可粉

1/2 茶匙发酵粉

棉花糖馅材料

8 汤匙（1 根黄油棒的量）无盐黄油，软化

1 杯（制糖霜用的）糖粉

1/2 茶匙香草精

1 杯棉花糖奶油或棉花糖酱

草莓馅材料

1 包（12 盎司）意大利面

1 包（3 盎司）草莓果冻粉

1 杯草莓果酱

做法

将烤箱预热至华氏 400 度。

准备一个大碗，将黄油和糖倒入并混合均匀，再加入鸡蛋、淡奶和香草精。

另准备一个中碗，将面粉、盐、小苏打、可可粉和发酵粉在碗中混合。

将中碗里的面粉混合物缓缓倒入大碗中，和糖混合物搅拌在一起。
搅拌至充分混合，面团就此完成。

用大圆勺舀起面团，挨个放在上了油的饼干烤盘里。每个面团之间至少留出 3 英寸的
空间，以便面团在烘烤过程中膨胀开来。

在烤箱中烘烤面团 6 至 8 分钟，直到用手指按压面团时发硬，这样饼干才算做好了。
在加馅料之前，饼干至少要冷却 1 小时。

棉花糖馅料做法：准备一个中号混合碗，将所有的材料混合在一起搅拌均匀。

将意大利面对半折断，加入一大锅沸水中。将果冻粉加入锅中，一起搅拌。
意大利面煮至变软。

夹心派做法：让每块饼干较为平整的一面朝上，往上撒入 2 汤匙的棉花糖馅料，再摆
上几根红色的意大利面，注意要让面条从饼干的边缘伸出来，然后在稍稍偏离中心的
位置加一勺草莓果酱，最后用另一块饼干盖在顶上，形成夹心。

果酱应该随着面条（触须）从饼干一侧的边缘流出来。

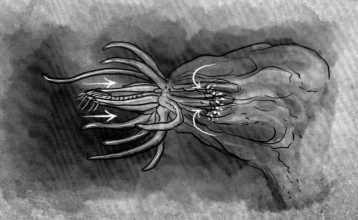

月兽面部中央的触须连接头部，可将食物送入内部的圆嘴里，这种嘴长有一圈杂乱的白色圆形齿。虽然从未有人对月兽进行过解剖，但当它们从高处落地时，臃肿的身体就会爆裂开来。

乔·斯莱特面包布丁

新奥尔良风味面包布丁配威士忌酱

12 人份

威士忌酱材料

8 汤匙（1 根）无盐黄油

1/4 杯波旁酒或其他威士忌酒

1 杯糖

2 汤匙水（或多备一些威士忌）

1/4 茶匙现磨的肉豆蔻粒或肉豆蔻碎

少量盐

1 个大大的鸡蛋

红色食用色素

布丁材料

3 汤匙无盐黄油，软化

2 条法式或意式面包（约 1 又 1/4 磅）

1 杯葡萄干

2 茶匙肉桂粉

3 个大大的鸡蛋

4 杯全脂牛奶

2 杯糖

2 汤匙香草精

奶油糖霜材料

1 又 1/2 杯（制糖霜用的）糖粉

1/2 茶匙香草精

8 汤匙（1 根）无盐黄油

1 汤匙搅打奶油

做法

威士忌酱做法：准备一个厚底炖锅，用小火在锅中熔化黄油。

除了鸡蛋和红色食用色素外，其余的酱料成分都放入锅中搅拌至熔化成糖浆状。

从火上移开炖锅，搅拌至冒泡。

将鸡蛋打入混合物并用力搅拌均匀。将混合物放回到中火上，轻轻搅拌，酱汁煮到即将沸腾的状态。大约多煮一分钟，混合物变为稠状，且不会凝固。

布丁做法：将烤箱预热至华氏 375 度。

在一个 13 英寸 × 9 英寸的玻璃烤盘中铺上黄油。

将面包切成 1/2 英寸的片状，让面包片几乎直立地排列在烤盘中，在每片面包片之间加入葡萄干和少量肉桂粉。

准备一个大碗，将三个鸡蛋打到发泡的状态，再加入牛奶、糖、香草精和剩余的肉桂粉。搅拌至混合均匀。将混合物倒在面包上，静置 1 小时。期间时不时地按压一下面包，以保持顶部的湿润。

烘烤面包大约 1 个小时，烤到面包的顶部膨胀并变成浅棕色。

最后倒上四分之三的威士忌酱，将面包冷却 30 至 60 分钟。

奶油糖霜做法：采用装有打蛋器的搅拌机，轻轻地将糖粉、香草精和黄油进行搅拌，要采用慢速搅拌模式，直到充分混合，再将速度提高到中挡模式，进一步搅拌至丝滑的状态。然后加入奶油，继续用中速搅拌 1 分钟，可酌情多加一些奶油，以增加糖霜的黏稠度。

将糖霜均匀地涂在冷却的面包上。

往剩余的威士忌酱中混入几滴红色食用色素。

用吸管吸取红色威士忌酱，在糖霜表面画出装饰性的图案。将面包布丁切成方块，将剩余的红色威士忌酱倒在上面。上桌。

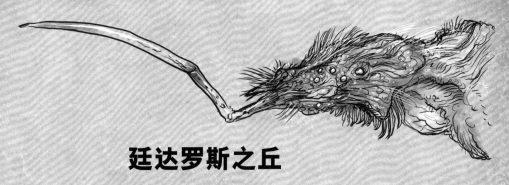

廷达罗斯之丘

慢炖 巧克力熔岩蛋糕

6 至 8 人份

巧克力蛋糕材料

4 汤匙（1/2 根）无盐黄油，熔化

1 杯糖

1 个鸡蛋

1 茶匙香草精

1 杯中筋面粉

1/2 杯（烘焙专用）可可粉

1 茶匙小苏打

1 茶匙发酵粉

2 小撮盐

烹饪喷雾油

1 包（10 盎司）黑巧克力片

2 杯甜味椰丝

布丁材料

1 杯糖

1/2 杯（烘焙专用）可可粉

1/4 杯玉米淀粉

1/2 茶匙盐

4 杯牛奶

2 汤匙无盐黄油

2 茶匙香草精

做法

巧克力蛋糕的做法：准备一个大碗，将黄油和糖在碗中搅拌，打到打发蓬松的状态。

加入鸡蛋，打匀。再加入香草精。

另准备一个碗，将面粉、可可粉、小苏打、发酵粉和盐在碗中搅拌均匀，分多次加入到先前的混合物中，每次加入后都要充分搅拌。

加入 1 杯热水并搅拌均匀。

布丁的做法：准备一个大大的厚底炖锅，将糖、可可粉、玉米淀粉和盐在锅中混合，过程中缓缓倒入牛奶。

用中火将锅煮沸，煮沸后再搅拌 2 分钟。
从火上移开锅子，加入黄油和香草精搅拌均匀。

准备一个 6 夸脱容量的慢炖锅，锅内喷上喷雾油。
将做好的巧克力蛋糕的混合物倒入锅里。

将做好的布丁混合物倒在蛋糕混合物上，不要将两者混合。

在最上层撒上巧克力片。盖上盖子，用小火煮 2 个半小时至 3 小时，
蛋糕方可定型，而蛋糕上的布丁呈冒泡的状态。

用勺子将蛋糕分装盛入盘中，在蛋糕上装饰椰丝。上桌。

快速做法：按照前文的做法，但可以直接采用盒装的巧克力蛋糕粉以及布丁粉，再加上巧克力片，可烹调产生同样的效果。

星之彩蛋羹

水果香草牛奶蛋羹

4 人份

材料

2 杯牛奶

1/3 杯糖

2 汤匙玉米淀粉

2 个鸡蛋

1 茶匙香草精

1 根香蕉

4 茶匙枫糖浆

红色和蓝色的食用色素

斯维特沃克牌银球糖果（非必选）

做法

将牛奶、糖和玉米淀粉倒入一个中号炖锅中，用中火加热搅拌；
等到混合物的边缘开始冒泡并结块，从火上移开锅子。

准备一个中号碗，在碗中打蛋，将部分牛奶混合物缓慢倒入其中，并不断搅拌，
然后再将蛋奶混合物重新倒入锅中。先开小火，持续搅拌，再慢慢调到中火，
直到混合物变稠为止。切记不可煮沸！

加入香草精并搅拌，使牛奶蛋羹进一步变稠，但不要让蛋羹冷却。

从锅中盛出 1/4 杯的蛋羹，倒入四个透明的小碗中，加入三四片切好的香蕉片、1/2 茶
匙枫糖浆，最后滴入红色和蓝色食用色素。

再盛出 1/4 杯的混合物，因此给四个小碗再加一层蛋羹、一层香蕉片、一层糖浆和食
用色素，最后再分别倒入剩下的蛋羹作为最上层。
在最上层的表面撒上一丁点染色的糖，上桌。

条件允许的话，可在蛋羹上放一颗银球糖果。

黄衣蛋糕

天使蛋糕

16 人份

材料

1 又 1/2 杯糖粉

1 杯低筋面粉

12 个蛋清，保存在室温下

1 又 1/2 茶匙塔塔粉

1 杯糖

1 又 1/2 茶匙香草精

1/2 茶匙杏仁精

黄色食用色素

1/4 茶匙盐

各种蘸酱（依据个人喜好准备）

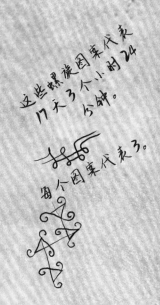

这些课後图案代表
17天3个小时的24
分钟。

每个图案代表3。

做法

把烤箱架移至最低的位置，将烤箱预热至华氏 375 度。

准备一个中碗，将糖粉和面粉在碗中混合。

另准备一个大碗，将蛋清和塔塔粉手动搅拌至发泡，
或用电动搅拌器以中速进行搅拌亦可。然后再高速加糖搅拌，每次加 2 汤匙的量。

加入最后 2 汤匙的糖之前，先加入香草精、杏仁精、几滴食用色素和盐，
最后打至干性发泡的状态，蛋白糊就完成了。

将糖粉和面粉的混合物筛入蛋白糊里，每次筛 1/4 杯的量，每筛一次就用金属刮刀从
底下往上翻拌，多次进行此步操作，直至糖粉和面粉的混合物完全融入其中。

将混合而成的蛋糕糊缓缓倒入未涂油的 10 英寸 × 4 英寸大小的天使蛋糕
模具烤盘（管状盘）中。

用金属刮刀轻轻划过蛋糕糊，释放气泡。

烘烤30分钟。往蛋糕中插入牙签，拔出后发现牙签是干的，或者轻轻触碰蛋糕顶部有回弹的感觉，这才说明蛋糕烤好了。

从烤箱中取出蛋糕，并立即将管状盘倒扣在耐高温的漏斗或瓶子上。悬空放置约2小时，直到蛋糕完全冷却。

用刀或长形的金属铲子松动蛋糕与烤盘接触的边缘，从烤盘中取出。

用锯齿刀将蛋糕慢慢切成4英寸大小的小块，并冷冻起来。
最后将冷冻的小块切成古怪的几何形状。

搭配你喜爱的蘸酱一起食用。

不应存在之环

那比寻常的环形果冻

12 人份

材料

1 个（15 盎司）糖水梨子罐头，保留罐头中的糖水

4 包（3 盎司）无味明胶粉

2 盒（6 盎司）青柠味明胶粉

1 块（8 盎司）砖形奶油奶酪

1 茶匙柠檬酸

黄色食用色素

3 汤匙白糖

绿色食用色素

3 盎司米线

绿色闪光凝胶糖衣，用于装饰

金色食用光泽粉，用于装饰

银色食用光泽粉，用于装饰

此外还要用到的工具：

挤压瓶

触手模具或 8 至 9 英寸大小的圆形蛋糕盘

环形模具

做法

沥干梨肉，保留罐中的糖水。将梨肉单独放入一个容器中，留作之后的步骤使用。

用杯子盛出糖水，应该能盛出不到 1 又 1/2 杯的量。往杯中加入足量的开水，
稀释到 2 杯的量，再分成 2 杯。

准备一个小锅，将一杯糖水倒入其中，并撒入 2 包无味明胶粉。
让其在室温下吸水膨胀 10 分钟。

一旦无味明胶完全膨胀开来，再加入 3 杯开水和 2 盒青柠味明胶粉。
搅拌直到所有明胶完全溶解。

用中低火候煮小锅，将奶油奶酪加入青柠和梨混合口味的明胶混合物中。

不断搅拌至奶油奶酪完全熔化。此时锅中的混合物应该变成了
一种略微黏稠的乳脂状绿色液体。

将上述步骤制成的液体倒入一个方便好用的挤压瓶中，
将液体挤出来，填入触手模具里。

将模具放入冷冻柜里 15 分钟快速冷却，再转入冰箱的冷藏室放置 20 分钟，以便继续
定型（不要让液体完全冻住，否则成品会变成碎冰，而失去果冻那种晃动的感觉）。

将触手从模具中取出，放入一个容器中，无需加盖就放到冰箱中。将各个模具中的触手都放入容器中，直到达到所需的数量（总共约 8 条）。

让触角在敞开的容器中不受干扰地冷藏放置一夜，以便进一步定型。

将剩余的一杯糖水倒入一个耐热的碗中，撒上剩余的 2 包无味明胶粉，让明胶吸水膨胀 10 分钟。

膨胀之后，再往碗中加入 2 杯开水、柠檬酸和足量的黄色食用色素，使液体呈现出亮金色。继续搅拌，直到所有明胶完全溶解。

将亮金色的混合物倒入环形模具里，但应该只填满模具的一半容量左右。

把环形模具放进冰箱的冷藏室定型，大约需要 2 至 4 小时。

在亮金色的明胶定型的时候，将原先小锅中剩下的绿色明胶重新熔化成液体，可以在灶上用中低火加热熔化，也可以用微波炉加热。

等待绿色明胶熔化的同时，将先前的梨肉捣碎，加入绿色明胶中搅拌均匀，使其混合。

从锅中盛出 1 杯量的绿色明胶和梨肉的混合物，倒入一个碗中，碗口的大小要与环形模具中心孔洞尺寸差不多，放入冰箱冷藏定型。而锅中剩余的绿色明胶混合物则冷却至室温，然后为环状模具中形成的金色明胶的底下多添加一层绿色的明胶。

现在将所有的明胶混合物通通放入冰箱中静置，彻底定型成果冻。

准备一个小锅，在锅中倒入 1 杯水煮沸，加入剩余的 1 汤匙白糖、几滴绿色食用色素和米线。煮至米线发软变绿。沥干米线，放置一旁以便组装成品时使用。

成品的组装方法

在水池的水槽中注满热水，将环形模具的底面浸泡一小会儿，稍微溶化即可。
将模具倒置在一个普通的盘子或浅底盘里，让成品果冻脱离模具。

将一大把的绿色米粉放在环形果冻的中心，将果冻触手像马车的辐条一样
围绕边缘排列开来。

将绿色果冻从碗中脱模，压在果冻触手的上方。

在绿色果冻的顶部淋上绿色闪光凝胶糖衣，并给果冻触手轻轻撒上银色食用光泽粉。
在环形果冻的金色表层上轻轻地撒一些金色食用光泽粉，以增加亮闪闪的效果。

将组装的成品冰镇后食用，尽情享用淡淡的青柠和梨子味。别忘了挑选你的受害者，
当他们品尝这道邪恶的甜点时发出无尽的尖叫，你一定会乐个不停。

致谢

我们在此必须对以下亲爱的邪教徒和奉献者表示赞美、感谢和崇敬：

感谢安娜玛丽·切斯特纳特 (Annamarie Chestnut)，这位宾州罗耶斯福德 (Royersford) 的安娜玛丽餐馆老板为我们提供了华丽的新英格兰诅咒蛤肉浓汤的食谱。

感谢戴夫·毛瑞尔 (Dave Maurer)，提供了"万岁！万岁！父神大衮！"和星海之鱼的食谱，我们对此献上犹如深潜者一样深的谢意。有做厨师的朋友可真好。

感谢《与洛夫克拉夫特一起做菜》(Cooking With Lovecraft) 的作者米格尔·弗莱格勒 (Miguel Fliguer)，赐予了我们白葡萄酒炖变异白企鹅的食谱。

感谢海伦·迪埃 (Hellen Die)，她所创作的"尝一下美味死灵之书" (Eat The Dead Necro Nomnomnomicon) 美食博客充满着地狱一般的精彩，博主提供了两份原创的食谱：食尸鬼尤加西黑米粥和不应存在之环。

感谢希瑟·海恩 (Heather Hane)，她来自宾州吉姆索普镇 (Jim Thorpe) 石溪蜂蜜酒厂 (Stonybrook Meadery)，提供了唤起敦威治三明治的恐怖的食谱。神奇的是，这道菜搭配蜂蜜酒一起吃很棒……

感谢迪安娜·维萨勒 (Deanna Visalle)，提供了又黑又美味的无形之子意大利面，这至今仍然是本书作者家里人的最爱。

其余一切食谱的创作，都要感谢家人麦琪·斯莱特 (Maggie Slater) (毫无疑问的厨房女主人，尽管制作蛋奶酒食谱时发生了意外，但她让我在这个项目中活了下来……)，感谢那些在我自己不敢想的情况下进行的可怕实验，感谢汤姆·罗奇 (Tom Roache) ——首席烹饪执行官。

最后，我们要带着无限的感激之情，感谢起初就支持这一项目的人们，是他们一开始鼓舞我们召唤创造本书。如果没有他们的热情、耐心、投入和赞美作为烹饪的基本材料，本书就不可能上桌。实在太感谢了。

此外，我们还要感谢《美食与美酒》杂志 (Food&Winemagazine)、Sy-fy线报 (Sy-fyWire)、Boardgamegeek.com、DreadCentral.com，以及其他众多注意到我们并提供帮助的博客和播客账号。我们共创的文化社群着实令人心生敬畏，很高兴能够参与其中。我们非常感谢。

食谱索引

斜体格式的页码表示该页附有图像。

F